計算機概論

概論

體與
概說

U0086547

北極星／著

初學者輕鬆學習計算機組成原理

詳盡的圖文解說強化軟硬體知識

精選的主題內容提升資訊的技能

Principles of
Computer
Organization

博碩文化

本書如有破損或裝訂錯誤，請寄回本公司更換

作　　者：北極星 著
責任編輯：賴彥穎 Kelly

董 事 長：陳來勝
總 編 輯：陳錦輝

出　　版：博碩文化股份有限公司
地　　址：221 新北市汐止區新台五路一段 112 號 10 樓 A 棟
　　　　　電話 (02) 2696-2869　傳真 (02) 2696-2867

郵撥帳號：17484299　戶名：博碩文化股份有限公司
博碩網站：http://www.drmaster.com.tw
讀者服務信箱：dr26962869@gmail.com
訂購服務專線：(02) 2696-2869 分機 238、519
（週一至週五 09:30 ～ 12:00；13:30 ～ 17:00）

版　　次：2022 年 7 月初版

建議零售價：新台幣 600 元
Ｉ Ｓ Ｂ Ｎ：978-626-333-188-4（平裝）
律師顧問：鳴權法律事務所 陳曉鳴 律師

國家圖書館出版品預行編目資料

計算機概論：半導體、硬體與程式語言概説 /
北極星著. -- 初版. -- 新北市：博碩文化股份有限
公司, 2022.07
　　面；　公分 --
ISBN 978-626-333-188-4(平裝)

1. CST: 電腦

312　　　　　　　　　　　　　　　111010682

Printed in Taiwan

歡迎團體訂購，另有優惠，請洽服務專線
博 碩 粉 絲 團　(02) 2696-2869 分機 238、519

前言

本書是《計算機概論：基礎科學、軟體與資訊安全導向》的姊妹作，內容主要講的是計算機的硬體及其運行原理。

我們在日常生活中所看到的計算機，例如像是個人電腦也好，手機也罷，全都是以硬體為基礎，並配合程式或者是軟體來運行，所以完整的計算機是硬體與軟體（或程式）的結合，也因此，計算機在應用上才有了如此多采多姿的相關產品。

本書在寫作風格上還是一樣延續姊妹作《計算機概論：基礎科學、軟體與資訊安全導向》的風格，而閱讀對象還是以：

1. 高三畢業生
2. 大一新生
3. 非資訊等相關本科系的社會人士

等為主，因此內容方面我盡量以淺顯易懂的文字來表達。

我不得不說，這本書真的是非常地難寫，主要是因為硬體的基本知識其實比較偏向於自然科學，而我知道並不是所有人都喜歡學習自然科學，有的人甚至對自然科學深深地感到厭惡與反感，還有的就是部分非自然科學背景者，例如文法商等讀者，對於此，我在寫作的風格上已經把上述的讀者們也全都考慮進去。

本書在設計上事先已經省略掉很多有關於自然科學的基礎理論，在本書中，如果真提及自然科學又或者是有些需要比較深入的自然科學知識，例如對半導體以及計算機硬體的輸出設備等介紹之時，那也僅於點到為止就好，要是講半導體之前還要來講量子物理或量子力學的話，那我看拾起這本書的讀者們不但會想放棄，而且這本書大概也會沒完沒了吧！

另外就是，本書中比較難的主題以及有些讀者們的來信我就放在附錄，有興趣的各位可以去看，但不管如何，能夠學到書中的知識就是好事，也希望大家能夠從本書中學到有關於計算機硬體的基本知識，並且能夠受用終生。

最後，本書作者學識有限，若書中有錯誤之處，還懇請各位讀者們不吝指教：

polaris20160401@gmail.com

以上

北極星代表人

PS：本書引用圖片眾多，但都有標示引用出處，如若漏了引用出處，還煩請來信告知，屆時作者會在社團補上並致歉。

▨ 學習地圖

北極星所製作的教材,其學習地圖暫定如下:

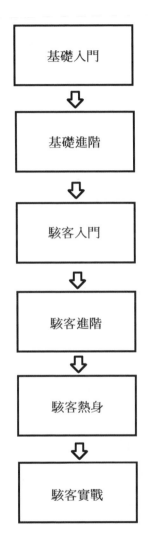

本書屬於基礎進階。

目錄

Chapter 08　硬體的輸出裝置

Chapter 09　程式語言概說

Appendix A　編碼概說

Appendix B 綜合資訊

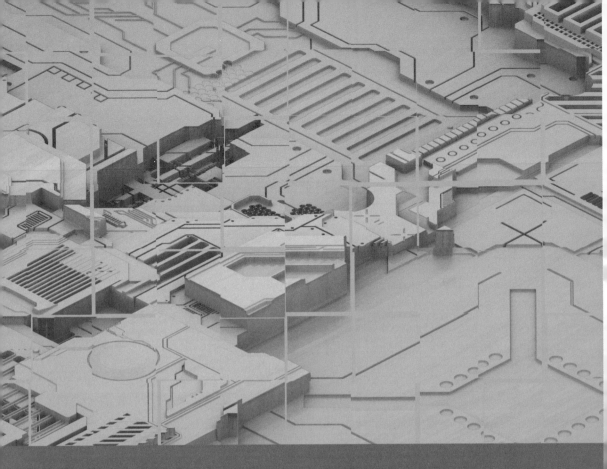

Chapter

01

數制系統的進階入門
與邏輯運算概說

1-1 日常生活當中的語言

在我們的日常生活裡頭，人與人之間如果要溝通的話，使用的就是語言，當你使用語言把話語傳達給對方之時，對方則是會根據你所傳達過來的內容和語氣來有所動作，例如說：

老闆：波秘書啊！請給我來一杯熱咖啡

波秘書：好的沒問題，我等一下就去泡

在上面的對話當中，老闆對波祕書說的話就是要波秘書做什麼事情，換句話說，老闆對波祕書下達的是命令或指令（以下通稱為命令），而當波秘書收到命令之後，波秘書便會根據老闆所下達的命令來做事情。

當然啦！根據老闆命令當中的語氣，波秘書執行的動作也會有所差異，例如像下面的這段對話：

老闆：波秘書啊！請給我來一杯熱咖啡，快點！

波秘書：好的沒問題，我馬上就去泡

在上面的對話當中，老闆一樣要求波秘書去泡杯熱咖啡，但老闆希望的是波秘書現在就立刻去泡，而當波秘書收到老闆的命令之後，這時候的波秘書便會放下手邊的工作，立刻去泡杯熱咖啡給老闆。

人與人之間的溝通用的是語言，而人與計算機之間的溝通用的其實也是語言，各位還記得吧？我曾經說過計算機只看得懂 0 與 1 而已，所以你要使用 0 與 1 這種語言去跟計算機來做溝通。

但好在的是，自從有了比較貼近於人性化的程式語言出現之後，我們就不需要使用 0 與 1 來跟計算機做溝通，只要使用類似於人類在使用的語言（例如英語）就可以跟計算機來做溝通，這就是人類在使用計算機之時的一大步，正因為有了這一大步，才有了今天這多采多姿的應用程式與應用軟體。

1-2 基本真值表

在講真值表（英語：Truth Table）之前，讓我們先來看看幾個例子，而為了方便說明起見，下面我們分別以 T 和 F 來代表真與假：

情境一

男女朋友吵架時，女方說給我死出去，而當女方說這句話的時候，其實女方的真實意思就是給我滾回來，反之，當女方說給我滾回來之時，真實意思就是死出去。

像這種情況就是一種取反的思維，而這種取反的思維在此我們稱為 NOT，讓我們用表來歸納上面的內容：

情境	結果
死出去	滾回來
滾回來	死出去

現在，如果用真與假來表示上面的話，那我們可以這樣寫：

A	¬A
假（F）	真（T）
真（T）	假（F）

所以這種情況我們就稱為「取反」也就是「NOT」，其運算符號為「¬」

情境二

物理系學生本學期有兩門必修課，分別是微積分與普通物理，系上規定，只有兩門課都過才能夠升大二，所以我們可以這樣想：

微積分	物理學	結果
不及格	不及格	不能升大二

微積分	物理學	結果
不及格	及格	不能升大二
及格	不及格	不能升大二
及格	及格	能升大二

現在，如果用真與假來表示上面的話，那我們可以這樣寫：

A	B	A∧B
F	F	F
F	T	F
T	F	F
T	T	T

所以這種情況我們就稱為「與」也就是「AND」，其運算符號為「∧」

情境三

物理系學生本學期有兩門選修課，分別是高等量子力學與半導體物理特論，系上規定，只要在這兩門課當中修過其中一門課的話就能領取畢業證書，所以我們可以這樣想：

高等量子力學	半導體物理特論	結果
不及格	不及格	不能領取畢業證書
不及格	及格	能領取畢業證書
及格	不及格	能領取畢業證書
及格	及格	能領取畢業證書

現在，如果用真與假來表示上面的話，那我們可以這樣寫：

A	B	A∨B
F	F	F
F	T	T
T	F	T

A	B	A ∨ B
T	T	T

所以這種情況我們就稱為「或」也就是「OR」，其運算符號為「∨」

情境四

阿華去婚姻介紹所相親，這時候的相親對象有波小姐與多小姐兩位，此時婚姻介紹所的服務人員告訴阿華說，如果你和波小姐或多小姐兩位當中的其中一位情投意合的話，那本次相親就成功，但如果你同時跟兩位都情投意合或者是都不來電的話，那本次相親就失敗，也就是說你只能選一位，所以我們可以這樣想：

波小姐	多小姐	結果
情投意合	情投意合	相親失敗
情投意合	不來電	相親成功
不來電	情投意合	相親成功
不來電	不來電	相親失敗

現在，如果用真與假來表示上面的話，那我們可以這樣寫：

A	B	A ⊕ B
T	T	F
T	F	T
F	T	T
F	F	F

所以這種情況我們就稱為「互斥或」也就是「XOR」，其運算符號為「⊕」

講完了上面的內容之後，現在讓我們回到真值表，所謂的真值表是一種邏輯上的數學用表，運用這個表我們可以得到論證結果，因此，真值表非常重要，主要是真值表在描述事物的判斷上具有很大的價值。

1-3 基本布林代數簡介

上一節，我們講了真值表，而本節我們要來講的是布林代數（Boolean Algebra），布林代數在運算上跟真值表很像，只是說布林代數所應用的對象是 0 與 1，也就是我們今天所講的電子電路啦！

話不多說，讓我們直接來看例子：

1.「非」：

A	¬A
0	1
1	0

2.「與」：

A	B	A ∧ B
0	0	0
0	1	0
1	0	0
1	1	1

3.「或」：

A	B	A ∨ B
0	0	0
0	1	1
1	0	1
1	1	1

4.「互斥或」：

A	B	A ⊕ B
1	1	0
1	0	1
0	1	1
0	0	0

1-4 德摩根定律簡介

德摩根定律（De Morgan's laws）最主要的內容就是：

A AND B = NOT(NOT A OR NOT B)

讓我們來看個證明之後就知道了：

1. 假設 A=0，B=0，證明如下：

   NOT(NOT 0 OR NOT 0) = NOT(1 OR 1) = NOT(1) = 0 = A AND B

2. 假設 A=0，B=1，證明如下：

   NOT(NOT 0 OR NOT 1) = NOT(1 OR 0) = NOT(1) = 0 = A AND B

3. 假設 A=1，B=0，證明如下：

   NOT(NOT 1 OR NOT 0) = NOT(0 OR 1) = NOT(1) = 0 = A AND B

4. 假設 A=1，B=1，證明如下：

   NOT(NOT 1 OR NOT 1) = NOT(0 OR 0) = NOT(0) = 1 = A AND B

德摩根定律的最大特點就在於，只要用 NOT 與 OR 就可以把 AND 的效果給做出來，這有點像是數學的解題技巧。

1-5 十進位數字與二進位數字之間的轉換方式

在前面的系列書籍當中，我們曾經介紹過了十進位與二進位的數制系統，但現在我們要來點深入的介紹，例如以十進位數字 2168 來說好了，十進位數字 2168 可以用下面的方式來做表示：

$$2168 = 2x10^3 + 1x10^1 + 6x10^2 + 8x10^0$$

所以其位數的情況如下表所示：

千位	百位	十位	個位
2	1	6	8

但由於在電腦裡頭是二進位，所以我們要如何把 2168 給換成二進位數字呢？其實就跟上面的方法一樣，只是底數不再用 10，而是用 2：

已知：

2^{11}	2^{10}	2^9	2^8	2^7	2^6	2^5	2^4	2^3	2^2	2^1	2^0
2048	1024	512	256	128	64	32	16	8	4	2	1

而：

$$2168 = 1x2^{11} + 0x2^{10} + 0x2^9 + 0x2^8 + 0x2^7 + 1x2^6 + 1x2^5 + 1x2^4 + 1x2^3 + 0x2^2 + 0x2^1 + 0x2^0 = 2048 + 64 + 32 + 16 + 8$$

所以：

2^{11}	2^{10}	2^9	2^8	2^7	2^6	2^5	2^4	2^3	2^2	2^1	2^0
2048	1024	512	256	128	64	32	16	8	4	2	1
1	0	0	0	0	1	1	1	1	0	0	0

因此，十進位數字 2168 就等於二進位數字 100001111000。

1-6 最高有效位與最低有效位

最高有效位（Most Significant Bit，MSB）的意思就是指在一個二進位數字當中，位於最左邊的位就稱為最高有效位，而最低有效位（Least Significant Bit，LSB）的意思就是指在一個二進位數字當中，位於最右邊的位就稱為最低有效位，例如以前面所說過的十進位數字 2168 等於二進位數字 100001111000 來說的話：

2168																數字
15	14	13	12	11	10	9	8	7	6	5	4	3	2	1	0	位元
0	**0**	**0**	**0**	1	0	0	0	0	1	1	1	1	0	0	0	數字
MSB															LSB	有效位

最高有效位 MSB 是第 15 位元，也就是對應到上表中最左邊的 0，而最低有效位 LSB 則是第 0 位元，也就是對應到上表中最右邊的 0，以及請注意一點，在上面的例子中，二進位數字 100001111000 的最初位元是從 0 來開始算起，而不是從 1 來開始算起。

當十進位數字 2168 轉換成二進位數字 100001111000 之時，100001111000 總共有 12 個位元，如果你換算完之後的位元數如果不是 8 的倍數的話，則我們會補上 0，接著湊成 8 的倍數，所以我們至少會對 100001111000 來湊成 16 個位元，因此上表湊成 16 個位元之後，其實只是在第 12 位元、第 13 位元、第 14 位元與第 15 位元上補 0 而已。

以現代計算機來說，由於 8 個位元等於 1 個位元組，而 12 個位元只差 4 個位元成為 16 個位元之後就可以湊成 2 個位元組，而這 2 個位元組在位元組的命名上具有特殊的意義，我們稱 2 個位元組為 WORD。

當然啦！你也可以湊成 32 個位元也就是 4 個位元組，而這 4 個位元組在位元組的命名上也具有特殊的意義，我們稱 4 個位元組為 DWORD。

最後要告訴大家的是，之所以會定義 MSB 與 LSB，其實最主要的目的就是要說明，當你改變一個二進位數字之時，如果你改變的是 MSB 的話，則數值會有很大的變化，但如果你改變的是 LSB 的話，那數值的變化就會很小，這個觀念很重要，請各位一定要知道。

1-7 加法、邏輯運算與溢位概說

我們以前曾經講過數制系統，現在，我們要來延伸數制系統當中有關於二進位的一些基本觀念，首先，我們要來定義一些表示方式，例如以十進位數字 9 來說好了，十進位數字 9 的二進位表示法為 1001，不但如此，我們還會給十進位數字 9 加上一個括號，並且在括號裡頭寫上十進位數字 9 與其數制，情況如下所示：

$$1001 \ (9_{10})$$

在上面的範例中，二進位數字 1001 表示十進位數字 9 的二進位表示法，而位於 9 右下方的 10 表示這個 9 是十進位。

有了上面的規定之後，現在就讓我們來看個範例。

假設現在有兩個二進位數字，分別是 1001（9_{10}）與 1010（10_{10}），而把這兩個二進位數字給相加起來的話就是：

4	3	2	1	0	位元
	1	0	0	1	數字
	1	0	1	0	數字
1	0	0	1	1	相加結果

也就是 10011（19_{10}）

在上面的過程中我們可以發現到：

1. 數字相加之時，我們可以用「互斥或」（XOR）來處理，也就是位元相同時為 0，位元相異時為 1

2. 進位的部分，我們可以用「與」（AND）來處理，也就是兩個位元為 1 之時，結果才會為 1

講完了上面的內容之後，現在讓我們來點進階的。

假設，現在有兩個盒子，且每個盒子都被切成了四個小盒子，而這四個小盒子都從 0 開始編號，最高編到 3 號為止，情況如下所示：

盒子 1：

3	2	1	0
1	0	0	1

盒子 2：

3	2	1	0
1	0	1	0

如果把盒子 1 和盒子 2 當中的數字給相加起來的話，這時候結果就會是這樣：

3	2	1	0
1	0	0	1
1	0	1	0
0	0	1	1

在上面的範例中，我們看到了把 4 個小盒子給相加起來的結果，可是各位一定會覺得很奇怪，3 號盒子應該要有進位才是，那為什麼會沒有呢？

答案很簡單，因為我們的小盒子只有 4 個而已，沒有 5 個小盒子，因此，3 號盒子當中的兩個 1 相加起來之後雖然結果會變成 0，但進位的 1 卻不見了，像這種情況，我們就稱為溢出或溢位（Overflow）

溢出會帶給計算產生錯誤的結果，以上面的情況來說，理論上：

$$1001（9_{10}）+ 1010（10_{10}）= 10011（19_{10}）$$

但實際上：

$$1001（9_{10}）+ 1010（10_{10}）= 0011（3_{10}）$$

同樣兩個數字，相加起來卻會有兩個結果，這就是溢出所帶來的錯誤。

回到我們的電腦，上面的盒子就是暫存器或記憶體，而溢出的意思就是指，當計算結果大於暫存器（或記憶體）的儲存限制之時，所產生的一種現象。

1-8 負數的表示法

在前面，我們所使用過的數字全都是正數，但在我們的日常生活裡，我們也會碰到負數，那問題來了，我們該如何表示負數呢？

其實正數也好，負數也罷，差別就只是一個符號而已，而這種符號只有兩個，剛好，我們的 0 與 1 也正好是兩個，所以我可以定義：

數字	符號
0	正
1	負

所以，正數的部分表示如下：

正負符號	3	1	0	十進位數字
0	0	0	0	+0
0	0	0	1	+1

正負符號	3	1	0	十進位數字
0	0	1	0	+2
0	0	1	1	+3
0	1	0	0	+4
0	1	0	1	+5
0	1	1	0	+6
0	1	1	1	+7

而負數的部分則表示如下：

正負符號	3	1	0	十進位數字
1	0	0	0	-0
1	0	0	1	-1
1	0	1	0	-2
1	0	1	1	-3
1	1	0	0	-4
1	1	0	1	-5
1	1	1	0	-6
1	1	1	1	-7

這麼一來，事情似乎是解決了，不過，在此讓我們來看個例子：

0	0	0	1	+1
1	0	0	1	-1
1	0	1	0	-2

如果把 +1 與 -1 給相加起來的話，按照上面，我們會得到 -2 這個結果，顯然，這個結果並不是我們要的，看來，以 0 與 1 這種方式來定義正負數還不是很完備，那怎麼辦呢？讓我們繼續看下去。

1-9 一補數簡介

上一節，我們講了以 0 與 1 來表示正負數，這種方式縱使不錯，但在實際操作上會有問題，回到原點，既然方法是人想出來的，那應該還有別的方法可行。

對數字的最高位來設計 0 與 1，並藉此來定義正負符號是一種很不錯的想法，縱使這種想法在運算上會出現問題，因此後來便有人在此基礎之上，又發明了另外一種思路，那就是正號的部分依舊不變，至於負號的部分，只要把 0 與 1 對調即可，像這種方式，又被稱為反碼或 1 補數（Ones' Complement）

所以，正數的部分表示如下：

正負符號	3	1	0	十進位數字
0	0	0	0	+0
0	0	0	1	+1
0	0	1	0	+2
0	0	1	1	+3
0	1	0	0	+4
0	1	0	1	+5
0	1	1	0	+6
0	1	1	1	+7

而負數的部分則是表示如下：

正負符號	3	1	0	十進位數字
1	1	1	1	-0
1	1	1	0	-1
1	1	0	1	-2
1	1	0	0	-3
1	0	1	1	-4

正負符號	3	1	0	十進位數字
1	0	1	0	-5
1	0	0	1	-6
1	0	0	0	-7

換句話說，只要對正數用 NOT 運算之後便可以得到負數。

1 補數這種方式雖然可行，但卻有個問題，那就是 0 的部分會出現 +0 與 -0，這種結果也不是我們要的，看來，1 補數這條思路本身還不夠完備。

1-10 二補數簡介

前面，我們已經對負數介紹了兩種表示法，但那兩種表示法對於負數的描述都不夠完備，因此，後來才有人想出了第三種對於負數的表示法，而正是因為這第三種方法，才讓負數有了個最終定案。

第三種的方法是正數的部分依舊不變，至於負數的部分則是對正數取 1 補數之後再加上 1（你就記取反加 1 這樣就對了），也就是俗稱的二補數（2's Complement）

所以，正數的部分表示如下：

正負符號	3	1	0	十進位數字
0	0	0	0	+0
0	0	0	1	+1
0	0	1	0	+2
0	0	1	1	+3
0	1	0	0	+4
0	1	0	1	+5
0	1	1	0	+6
0	1	1	1	+7

而負數的部分則是表示如下：

1. 先取 1 補數（也就是取反）：

正負符號	3	1	0	十進位數字
1	1	1	1	-0
1	1	1	0	-1
1	1	0	1	-2
1	1	0	0	-3
1	0	1	1	-4
1	0	1	0	-5
1	0	0	1	-6
1	0	0	0	-7

2. 將 1 的補數加上 1：

正負符號	3	1	0	十進位數字
0	0	0	0	-0
1	1	1	1	-1
1	1	1	0	-2
1	1	0	1	-3
1	1	0	0	-4
1	0	1	1	-5
1	0	1	0	-6
1	0	0	1	-7
1	0	0	0	-8

在上面，由於 +0 與 -0 都是 0000，因此，我們可以這樣寫：

正負符號	3	1	0	十進位數字
0	1	1	1	+7
0	1	1	0	+6
0	1	0	1	+5

0	1	0	0	+4
0	0	1	1	+3
0	0	1	0	+2
0	0	0	1	+1
0	0	0	0	0
1	1	1	1	-1
1	1	1	0	-2
1	1	0	1	-3
1	1	0	0	-4
1	0	1	1	-5
1	0	1	0	-6
1	0	0	1	-7
1	0	0	0	-8

所以以 4 位數來說，可表達的範圍是 -8~+7，也就是 16 個數字。

讓我們來看幾個範例：

範例 1：

計算（-8）+（+2）的結果：

1	0	0	0	-8
0	0	1	0	+2
1	0	1	0	-6

範例 2：

計算（-2）+（-3）的結果：

1	1	1	0	-2
1	1	0	1	-3
1	0	1	1	-5

範例 3：

計算（+5）+（+2）的結果：

0	1	0	1	+5
0	0	1	0	+2
0	1	1	1	+7

最後我補充兩點：

1. 以上的範例只用了 4 位數而已，如果暫存器的位數更大，則可以表示的數字也就跟著越大。

2. 1 補數也是有人在用，但由於計算過程很複雜，所以很少人用就是了。

1-11 實數表示法 - 浮點數簡介

在前面，我們所介紹的數字不管是正整數也好，又或者是負整數也罷，那全都屬於整數，但在我們的日常生活中，我們會遇到實數，而所謂的實數是有理數（可以寫成分數的數，例如 $\frac{1}{2}$）和無理數（例如 $\sqrt{2}$）的總稱，那現在問題來了，怎麼表示實數呢？

讓我們先以生活中的概念為主，暫時先不要討論到計算機的部分。

例如以十進位數字 19 來說的話，十進位數字 $(19)_{10}$ 可以被分解成：

$$1x2^4 + 0x2^3 + 0x2^2 + 1x2^1 + 1x2^0$$

也就是：

4	3	2	1	0	位
2^4	2^3	2^2	2^1	2^0	位值
$1x2^4$	$0x2^3$	$0x2^2$	$1x2^1$	$1x2^0$	位值表示
16	0	0	2	1	實際數字
1	0	0	1	1	二進位

所以 $(19)_{10} = (10011)_2$

也有人使用連續的除法來求，範例如下所示：

被除數	除數	商數	餘數
19	2	9	1
9	2	4	1
4	2	2	0
2	2	1	0
1	2	0	1

所以 $(19)_{10} = (10011)_2$

但如果是 4.75 或者是 20.25 的話，那又該怎麼表示呢？

一樣，還是讓我們用 2 來湊：

2	1	0	-1	-2	位
2^2	2^1	2^0	2^{-1}	2^{-2}	位值
$1x2^2$	$0x2^1$	$0x2^0$	$1x2^{-1}$	$1x2^{-2}$	位值表示
4	0	0	0.5	0.25	實際數字
1	0	0	1	1	二進位

所以 $(4.75)_{10} = (100.11)_2$

也有人使用別的方法來處理，例如把 4.75 分成兩部分，一部分是 4，而另一部分是 0.75，4 的部分處理如下：

被除數	除數	商數	餘數
4	2	2	0
2	2	1	0
1	2	0	1

因此 4 的部份是 $(100)_2$，至於 0.75 的部分就用 2 去乘，遇到若乘到的結果有 1 的話那就是 1，直到整個數值乘到整數 1 為止就結束，例如 0.75：

被乘數	乘數	結果	取值
0.75	2	1.50	1
0.50	2	1.00 （算到此就結束）	1

所以 $(4.75)_{10} = (100.11)_2$

再讓我們來另外一個例子，也就是 20.25：

4	3	2	1	0	-1	-2	位
2^4	2^3	2^2	2^1	2^0	2^{-1}	2^{-2}	位值
$1x2^4$	$0x2^3$	$1x2^2$	$0x2^1$	$0x2^0$	$0x2^{-1}$	$1x2^{-2}$	位值表示
16	0	4	0	0	0.5	0.25	實際數字
1	0	1	0	0	0	1	二進位

所以 $(20.25)_{10} = (10100.01)_2$

當然你也可以把 20.25 給分成兩部分，一部分是 20，而另一部分是 0.25，20 的部分處理如下：

被除數	除數	商數	餘數
20	2	10	0
10	2	5	0
5	2	2	1
2	2	1	0
1	2	0	1

因此 20 的部份是 $(10100)_2$，至於 0.25 的部分就用 2 去乘，遇到若乘到的結果有 1 的話那就是 1，直到整個數值乘到整數 1 為止就結束，例如 0.25：

被乘數	乘數	結果	取值
0.25	2	0.5	0
0.5	2	1.00 （算到此就結束）	1

所以 $(20.25)_{10} = (10100.01)_2$

現在讓我們回到計算機，在計算機當中，基數（底數）轉換成 2，至於尾數的部分則是小數點後面的數字，而小數點前面的數字則是 0，由於在電腦當中，資料都是被放進記憶體，所以我們可以這樣想：

13	12	11	10	9	8	7	6	5	4	3	2	1	0
符號	指數					尾數							
1bit	5 bits					8 bits							

例如説 $(19)_{10} = (10011)_2 \times 2^0 = (0.10011)_2 \times 2^5$，所以這時候：

13	12	11	10	9	8	7	6	5	4	3	2	1	0
0	0	0	1	0	1	1	0	0	1	1	0	0	0
符號	指數					尾數							
1bit	5 bits					8 bits							

以上就是浮點數在記憶體當中的表示方式。

1-12　十六進位數字的表示方式

在前面，我們曾經講了十進位與二進位數字的表示方式，現在，讓我們來講講十六進位數字的表示方式。

假如現在有一個十進位數字 678，請求出十進位數字 678 的十六進位數字。

方式一樣，十進位數字可以被分解成：

$$678 = 2 \times 16^2 + 10 \times 16^1 + 6 \times 16^0$$

讓我們來看看下面：

2	1	0	位
16^2	16^1	16^0	位值

2×16^2	10×16^1	6×16^0	位值表示
512	160	6	實際數字
2	A	6	十六進位

所以，$(678)_{10} = (2A6)_{16}$

1-13 八進位數字的表示方式

在前面，我們講了十六進位數字的表示方式，現在，就讓我們來看看八進位數字的表示方式。

還是一樣，假如現在有一個十進位數字 678，請求出十進位數字 678 的八進位數字。

方式一樣，十進位數字可以被分解成：

$$678 = 1 \times 8^3 + 2 \times 8^2 + 4 \times 8^1 + 6 \times 8^0$$

讓我們來看看下面：

3	2	1	0	位
8^3	8^2	8^1	8^0	位值
1×8^3	2×8^2	4×8^1	6×8^0	位值表示
512	128	32	6	實際數字
1	2	4	6	八進位

所以，$(678)_{10} = (1246)_8$

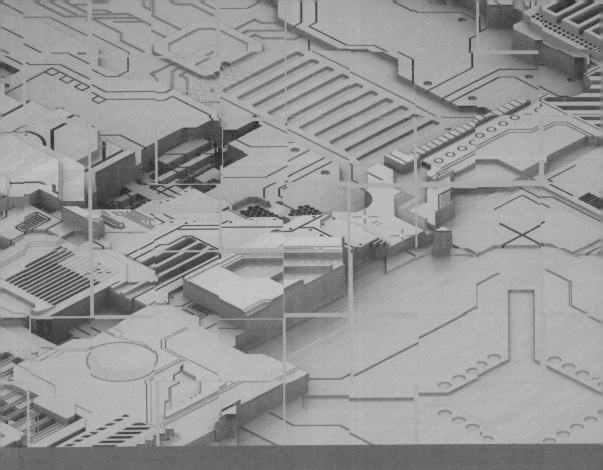

Chapter

02

基礎科學概說

前言

你相信嗎？車子的顏色也可以隨時改變，讓我們來看則報導。

報導引用出處：u-car.com.tw

發表日期：2022/5/23

撰文者：王喻歆

新聞內文：

在電影《星際大戰》中，絕地武士之所以超凡，就是因為他們能預知、不須接觸就能移動物件。在未來的世界中，人類真的有辦法用思想控制事物嗎？在拉斯維加斯舉行的 2022 年 CES 消費電子展上，一輛配備 E Ink 的 BMW iX Flow 亮相，只要通過一個按鈕便能改變車身顏色，現在還能夠與人類大腦活動作連結，iX 顏色將隨著腦波活動而變化，如果你的情緒更加平穩，iX Flow 的顏色變化也會更加平靜。

▲ BMW iX Flow 透過穿戴裝置與測試者腦波活動連，車身顏色隨之改變

BMW iX Flow 反應測試者心情狀態

未來 BMW 車主也能「控制原力」了嗎？2022 年 5 月 12 日，BMW 集團於慕尼黑工廠舉行 rad°hub 對話平臺，原廠與新創公司 Brainboost 合作，推出一項很酷的技術，便是讓 BMW iX Flow 與測試者的大腦連接，BMW iX Flow 可利用顏色變化反應測試者的腦波活動狀態。Brainboost 執行長 Philipp

Heiler 解釋，一旦大腦呈現休息狀態，iX Flow 上的顏色變化也會更加平靜和有節奏。此次實驗性的活動便是希望能讓參與者放鬆，並希望未來也能透過這樣的方式，讓大家更能意識到放鬆的重要，並且隨之帶入個人生活中。

▲ BMW iX Flow 使用 E-Ink 能即時換色，此電子墨水技術是臺灣廠商元太科技提供合作，讓車能成為您的情緒顯示劑

E Ink 電子墨水技術來自臺灣廠商元太科技，目前僅黑、灰和白色可供選擇

目前已知 BMW iX Flow 使用 E-Ink 能即時換色，但目前僅有黑、灰和白色可供選擇。此外，這還沒準備好大規模量產發布，純粹是一個概念展示。採用 E Ink 電子墨水技術打造的 BMW iX Flow，便是與臺灣廠商元太科技合作，車身外觀以 E Ink Prism 電子紙包覆，並結合 BMW 智慧設計演算法，讓車色能以動態流動的方式在黑色與白色之間轉換。

▲ BMW iX Flow 目前僅有黑、灰和白色可供選擇

iX Flow 的計畫負責人 Stella Clarke 表示，這讓車輛成為日常生活中不同情緒表達的管道，就像社群媒體一樣。另一方面，選擇性的顏色變化可以讓車輛依照天氣溫度改變顏色，也能讓車輛更節能。

在上面的報導當中，出現了關鍵字「電子墨水」這四個字，那什麼是電子墨水？以及電子墨水的運用原理又是為何呢？本章，我們將要來解答這個問題。

本文參考與引用出處

https://news.u-car.com.tw/news/article/70613

2-1　原子的基本概念

在講解本節的內容之前，先讓我們來看一下下圖中的一塊金磚（以下引用自維基百科）：

現在請各位來想一個問題，如果把上圖的那個金磚給切成兩半，之後再對其中的另一半又切成兩半，接著又對其中的另一半又切成兩半，這樣一直地切下去，你想，你會不會得到一個你無法再繼續切下去的東西？

這個無法再繼續切下去的東西就稱為原子，古人認為原子是構成物質的最基
本單位，不過這是古人的一種想法，讓我們把時間給拉回到現代，現代人發
現到原子其實還有更小的基本組成，讓我們來看下圖的原子模型（以下引用
自維基百科）：

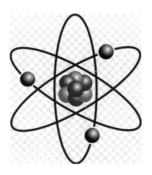

在上圖中：

框起來的地方是由帶正電的質子與不帶電的中子所組成原子核，而下圖中，
框起來的地方則是帶負電的電子：

請各位注意一點，在一個正常的原子中，帶正電的質子，其數量與帶負電的電子相同，也因此，整個原子呈現所謂的電中性，例如說某個原子，其質子數 3 顆，電子數也是 3 顆，這樣一來，整個原子就呈現電中性。

上面的原子模型跟行星繞太陽運行的模型很像（以下引用自維基百科）：

所以上面的原子模型也被稱為行星式模型，在近代科學以及多數的教科書裡頭，行星式模型比較常用來描述原子的基本結構，當然啦！其實對於原子模型還有別種方式來描述，但那已經是量子力學的領域，我們不需要把事情給想得太難太複雜，行星式模型就夠了。

本文參考與圖片引用出處

https://zh.wikipedia.org/wiki/%E9%87%91

https://zh-yue.wikipedia.org/wiki/%E5%8E%9F%E5%AD%90

https://zh.wikipedia.org/zh-tw/%E5%A4%AA%E9%98%B3%E7%B3%BB

2-2 電流概說

在講解電流之前，讓我們先來看看金屬銅（以下引用自維基百科）：

的原子模型（以下引用自維基百科）：

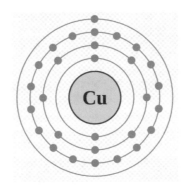

在上圖中，寫上 Cu 的地方是銅原子的原子核，至於外圍一圈一圈的地方，
則是填滿了電子，讓我們用個表來歸納如下：

圈數	電子數
1	2
2	8
3	18
4	1

要注意的是，此時第四圈的地方其實是可以再繼續地填上電子，但因為銅的電子數只有 29 顆，因此，不管銅再怎麼填，銅的第四圈也就是最外圈的電子數量就一定是 1 顆。

看到這，應該有讀者們會問，為什麼每一圈所放置的電子數量都不一樣呢？這是化學問題，原則上我們不用去考究這，如果你真的要知道的話，那就是電子按照 s、p、d 與 f 等來做排列，詳細的部分，請各位去找一本化學參考書來看，那裡頭都有寫。

而接下來的知識就是非常重要的關鍵了，請各位看看銅原子的第四圈也就是最外圈的那一顆電子（也被稱為價電子）：

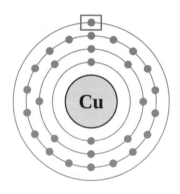

由於那一顆電子距離銅的原子核很遠，所以平時會因為光或熱等因素，讓這一顆電子因此而逃出原子，進而形成所謂的自由電子，像這樣：

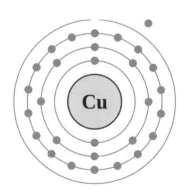

圖中所框起來的電子，就是自由電子：

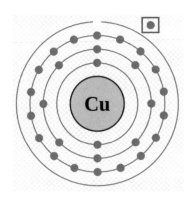

這些自由電子會隨處飄移，就像是一群行動散漫的人一樣，而在銅裡頭處處都有像這樣的自由電子在隨處飄移著，但如果這時候有一個人發號施令，把這些人給整隊起來，之後讓這些人朝同一個方向移動之時，這些人彷彿就會像水一樣地開始流動著，而這種流動對於我們的自由電子來說，就是所謂的電流（其實應該稱為電子流，在後面的章節裡頭我們會談到為什麼）

上面的話如果對應到科學的部分，則：

故事情節	科學解說
但如果這時候有一個人發號施令，把這些人給整隊起來	在銅線的兩端來施加電壓
之後讓這些人朝同一個方向移動之時	自由電子往電位高的地方開始移動
這些人彷彿就會像水一樣地開始流動著	電流（其實應該稱為電子流）

以上就是電流的基本概念。

最後我補充一點，假設現在有 A 與 B 兩個銅原子，這兩個銅原子的電子數全都是 29 顆，假如這時候 A 銅原子最外層的那一顆電子離開了 A 銅原子形成了自由電子之後，這時候對 A 銅原子來說，A 銅原子的質子數是 29，而電子數是 28，因此，我們說這時候的 A 銅原子帶正電。

而假如這時候的 B 銅原子如果跟從 A 銅原子來的自由電子結合之後，此時的 B 銅原子的質子數是 29，而電子數則是 30，因此，B 銅原子帶負電。

本文參考與圖片引用出處

https://zh.wikipedia.org/wiki/%E9%93%9C

2-3 電荷及其特性概說

1. 電荷的基本概念

在大自然裡頭，絕大多數的動物就性別上來說可以分成雄性動物與雌性動物，而絕大多數的雄性動物與雌性動物會對彼此之間互有好感，而我們的電荷也可以類比到類似這種情況。

好了，事情講了這麼多，我們都還沒說明到底什麼是電荷？所謂的電荷（英語為 Electric Charge）是物質的一種物理性質，至於種類的話，則是有兩種，分別是「正電荷」與「負電荷」，你可以把「正電荷」給想像成上面所說過的「雄性動物」，而「負電荷」給想像成上面所說過的「雌性動物」，在此請注意一點，所謂的正負之說，只是一種表達方式而已，沒有價值觀上貶低的意思在，純粹只是分類用而已。

而正電荷與負電荷有一種很奇特的性質，就是相吸與相斥，情況如下所示：

電荷	搭配電荷	結果
正	正	排斥
負	負	排斥
正	負	相吸

例如像這樣（以下引用自維基百科）：

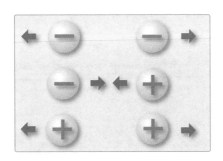

其中，「+」代表正電荷，而「-」代表負電荷，因此上圖中的情況分別是：

電荷	搭配電荷	結果	箭頭方向
負	負	相斥	← →
負	正	相吸	→ ←
正	正	相斥	← →

2. 場的基本概念

場，是一個很抽象的物理概念，而在講解場這個物理概念之前，我必須得事先告訴各位，下面對於場的比喻僅止於一個概念而已，因為場實在是太抽象了，讓我們來看看下圖（以下引用自維基百科）：

上圖是一張正點著火的蠟燭，其中靜止的燭芯一直在燃燒著，你可以把燭芯給想像成上面的電荷，而火就相當於場，對電荷來說，這種場就是所謂的電場，這樣講或許還不太精確，各位看過《七龍珠》吧？每當賽亞人變身為超

級賽亞人之時，往往都會放光，如果把這個概念給套用在對電荷的說明上，那超級賽亞人就相當於電荷，而光就相當於場，這樣講或許更能貼近於場的基本概念。

好啦！講完了比喻之後，接下來我們要來看看真實的場，首先是電場（以下引用自維基百科）：

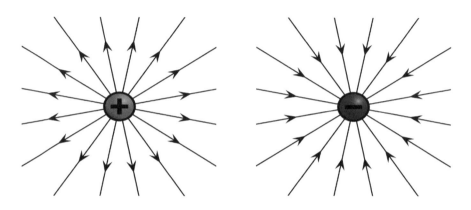

在上圖中，左邊是由正電荷所產生出來的電場，方向朝外，至於右邊的部分則是由負電荷所產生出來的電場，方向朝內。

下圖中，則是正負兩個電荷放在一起，其中的電場，我們可以以電場線來描述（以下引用自維基百科）：

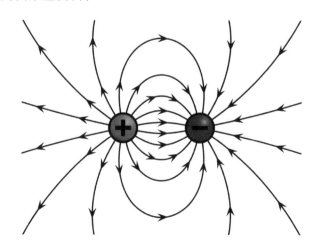

對於上圖當中要注意一點，上圖中的電荷全都處於靜止狀態，所以此時的電場我們就稱為靜電場，而對靜電場來說，靜電場裡頭任何一條電場線，都是起於正電荷，而止於負電荷。

關於場與電場的部分我們就暫且先介紹到此，其實在物理上還有許許多多的場，像是磁場或重力場等，後續若有碰到，屆時我們再來說明。

本文參考與圖片引用出處

https://zh.wikipedia.org/wiki/%E9%9B%BB%E8%8D%B7

https://zh.wikipedia.org/wiki/%E7%81%AB

https://zh.wikipedia.org/wiki/%E9%9B%BB%E5%A0%B4

2-4　電壓概說

在前面，我曾經講了電流的基本概念，不過那個基本概念還不是很完備，所以接下來我要來繼續講解電流的基本概念，還是一樣，讓我們不要把事情給弄得太難，從簡單的地方來開始學起就好。

我覺得比喻是一種不錯的教育方法，而之所以用這種教學技巧，最大的主因就在於，如果你要解釋的對象過於抽象，那這時候藉由日常生活當中的比喻，就是一個非常不錯的教學方法，例如現在我要講的電流就是一個很典型的例子。

很多時候，我們可以拿水流的情況來比喻電流，不過在此我要告訴各位的是，拿水流來比喻電流僅止於一個觀念上的比喻而已，但至少已經提供給我們一個學習電流的好方法，讓我們繼續看下去。

假設現在有條管子是長這樣：

並且管子裡頭填滿了水，所以這時候的水便會呈現出不會流動的靜止狀態，但如果這時候的管子長這樣，那事情可就不一樣了：

管子的右邊有一個篩子，如下圖中所框起來的部分：

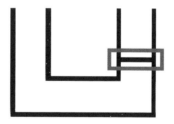

接著，讓我們在管子的左邊把水給灌進去：

灌完之後，讓我們把右邊的篩子給打開：

這時候的水，便會從左邊流到右邊，平衡時左右兩邊都會一樣高：

之所以會有這個現象，最大的原因就在於，左邊的水位高於右邊的水位，而這之間的水位差：

造成了水會從左邊流到右邊去，由對於電，我們也可以用這種方式來思考，讓我們把上面的內容用個表來歸納一下：

故事名詞	科學名詞
水	電荷
水位	電位
水流	電流
水位差	電位差

其中，電位差又被稱為電壓。

2-5 電池概說

前面，我們已經對電流稍微做了點介紹，而在這裡，我們要來講的是電池，電池的英文名稱為 Electric Battery，在此之前，我要跟各位說明的是，我們對於電池的介紹只跟電壓有關係，至於電池詳細的內部構造以及其運作原理等這本節都不談，後面若有提到的話屆時我們再說，首先，讓我們來看看電池的樣子（以下引用自維基百科）：

我相信大家應該都有看過電池，電池是一種電源裝置，專門為電器設備來提供電，且有正極與負極之分，如果以水來比喻的話，電池就相當於水源，也就是水的源頭。

與水位差的意思一樣，電位也要有電位差或電壓，這樣電子才能夠流動，而電壓也有正負之分，其中，高電位的部分稱為正極，而低電位的部分則是稱為負極，以下面的電池來說，凸起來的地方是正極，而凹進去的地方則是負極（以下引用自維基百科）：

接下來要告訴各位的是，我們可以用個數字並附上個「伏特」這個單位來表示電位差或者是電壓，例如上圖就是顆電壓為 1.5 伏特的電池，以及電池與電池之間又可以另作組合，例如說兩顆電池首尾相接：

這時候的電壓會因為你所設的基準點而有所不同：

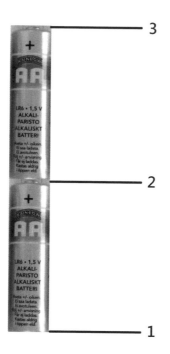

所以電位的情況就是：

位置	電位（單位伏特）
1	0
2	1.5
3	3

電位差也就是電壓的情況就是：

位置	電位（單位伏特）
1-2 之間	1.5
2-3 之間	1.5
1-3 之間	3

本文參考與圖片引用出處

https://zh.wikipedia.org/wiki/%E7%94%B5%E6%B1%A0

2-6 電路中的電子流概說

前面，我們已經講過了電流（其實應該是電子流）的基本概念，而現在，我們要把這個基本概念給稍微地加深一點，假設現在有一個水源，水源的上下兩端分別是入口 (+) 與出口 (-)，其中 (+) 與 (-) 代表水源的入口與出口的符號，且在入口 (+) 與出口 (-) 的地方分別都接上了水管，情況如下圖所示（以下圖部分引用自維基百科）：

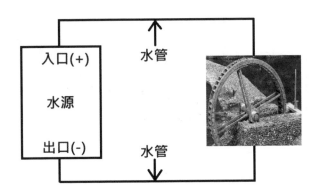

首先，水從水源的出口 (-) 的地方來開始流出：

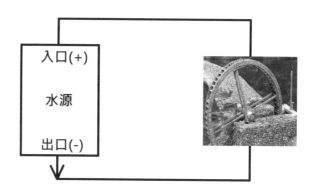

流過水車之時，水便會推動水車的運轉：

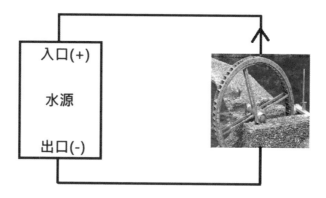

最後，水會從水車的另一端流回進水源的入口 (+) 的地方：

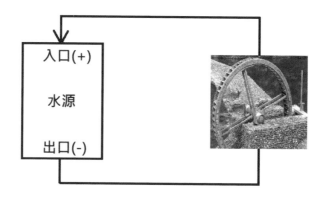

以上的情況,就相當於水在水管中流了一圈,而這一圈,我們就稱為水路
(如果是電,那就稱為電路),但是呢,水源一定要有高低差,這樣水才會流
動,而這高低差就是我們前面所講過的水位差。

有了以上的概念之後,現在讓我們把情況給拉回到電路(以下圖部分引用自
維基百科):

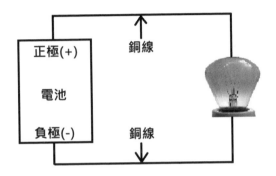

首先,電子從電池的負極 (-) 的地方來開始流出:

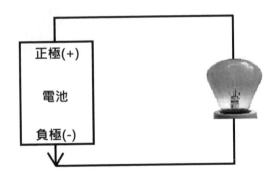

流過燈泡之時，燈泡便會發光：

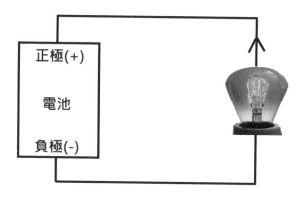

最後，電子會從燈泡的另一端流回進電池的正極 (+) 的地方：

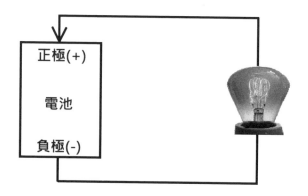

從上面的說明當中我們知道，電路中真正在流動的是帶負電荷的電子，這電子從電池的負極出發流向電池的正極，像這種流動，我們就稱為電子流。

以前的科學家認為，電流是從電池的正極出發經過電路之後流回到電池的負極，也就是從高電位流向低電位，而這種流動的方向，就是正電荷的流動方向，同時也是傳統上用水流來比喻電流的方式，但各位讀者們也許會覺得很好奇，在前面的水流介紹中，我明明畫的是從出口 (-) 流向入口 (+)，這方向不就相反了嗎？其實我之所以這樣做，是為了說明接下來電子從電池負極出發的科學現象，主要是避免讀者們搞混。

後來事實證明電流根本不存在，但由於以電流來說明電路的習慣沿用已久，所以我們大概知道就好，在此，我們只要把握住一個非常重要的關鍵點即可，那就是由於電子的流動，造成了像燈泡那樣子的電器設備可以因此而發光發熱這樣就夠了。

本文參考與圖片引用出處

https://zh.wikipedia.org/wiki/%E7%94%B5%E6%B1%A0

https://zh.wikipedia.org/wiki/%E6%B0%B4%E8%BB%8A

https://de.wikipedia.org/wiki/Gl%C3%BChlampe

2-7 電路中的電流概說

在前面，我們已經講了電子流的基本概念，而那時候我們也說了，在電路裡頭，真正在流動的是電子，也就是所謂的電子流，但是各位在許多教科書或者是參考文獻當中一定還是會看到電流這個專有名詞，因此，接下來我們要來講解一下電流，讓我們回到下圖（以下圖部分引用自維基百科）：

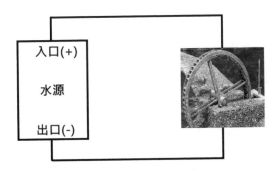

首先，水從水源的入口 (+) 的地方來開始流出：

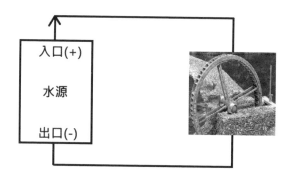

流過水車之時，水便會推動水車的運轉：

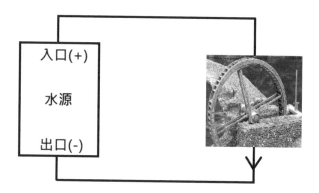

最後，水會從水車的另一端流回進水源的出口 (-) 的地方：

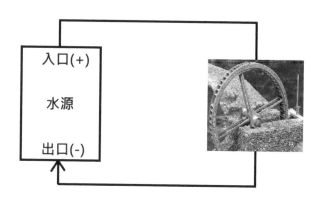

有了以上的概念之後,現在讓我們把情況給拉回到電路(以下圖部分引用自維基百科):

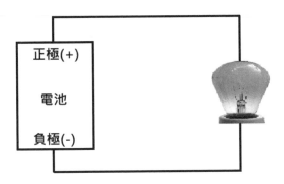

首先,正電荷從電池的正極 (+) 的地方來開始流出:

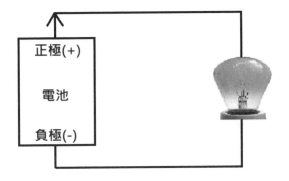

流過燈泡之時,燈泡便會發光:

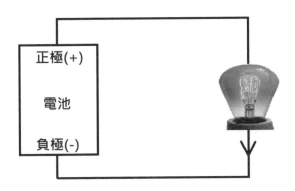

最後，正電荷會從燈泡的另一端流回進電池的負極 (-) 的地方：

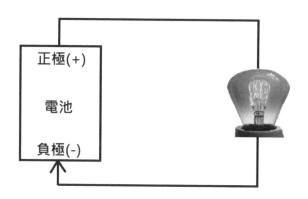

電流是正電荷從高電位流向低電位，也就是從電池的正極 (+) 出發流向電池的負極 (-)，這種情況就跟水從高水位流向低水位的意思一樣，可是呢！電流實際上是不存在的，但由於科學界沿用電流這概念已經很久，所以電流這個概念還是繼續使用。

最後強調一點，在電路當中，真正在流動的是電子，把握住這個原理原則這樣就夠了，至於電流的部分，各位還是多少要知道一下，因為在日常生活或者是別的書籍當中依然可以看到電流二字的出現。

本文參考與圖片引用出處

https://zh.wikipedia.org/wiki/%E7%94%B5%E6%B1%A0

https://zh.wikipedia.org/wiki/%E6%B0%B4%E8%BB%8A

https://de.wikipedia.org/wiki/Gl%C3%BChlampe

2-8 電子墨水技術簡介

前面，我們已經講解了一些電學的基本知識，而現在，我們則是要來介紹這些基本知識的一個應用。

當你用黑色原子筆在紙上寫字的時候，此時的黑色墨水便會滲透進紙當中，但你知道嗎？由於科技的進步，現在也有電子墨水這玩意兒喔！

很神奇對吧！話不多說，現在就讓我們來看張圖（以下圖部分引用自維基百科）：

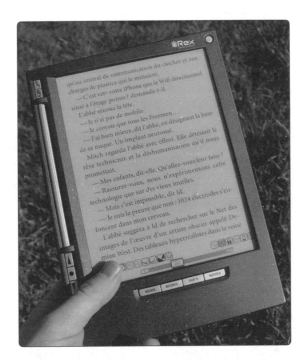

看完了上面的圖之後，我相信各位應該都知道我想要說什麼。

在電子墨水這個產業中，咱們臺灣的元太科技可以說是這個產業的先驅者，為此，元太科技特別有針對電子墨水的設計原理來做解說，讓我們直接來看（以下圖片均引用自 E Ink 元太科技電子墨水技術，非本人所創作）

解說 1：

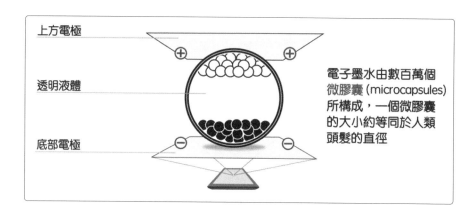

解說 2：

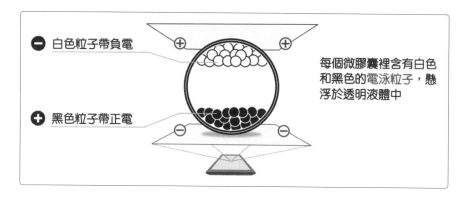

PS：

1. 白色粒子帶負電，所以白色粒子會跟帶正電的上方電極相吸。
2. 黑色粒子帶正電，所以黑色粒子會跟帶負電的下方電極相吸。
3. 電泳（英語：Electrophoresis）：在電場的作用之下，粒子在流體中發生移動的現象。

解說 3：

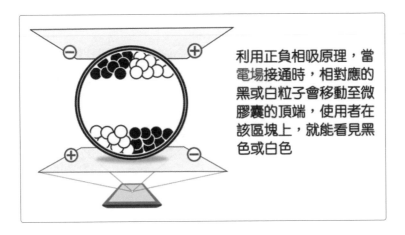

利用正負相吸原理，當電場接通時，相對應的黑或白粒子會移動至微膠囊的頂端，使用者在該區塊上，就能看見黑色或白色

解說 4：

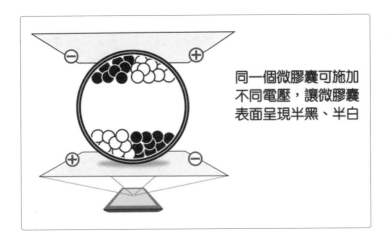

同一個微膠囊可施加不同電壓，讓微膠囊表面呈現半黑、半白

解說 5：

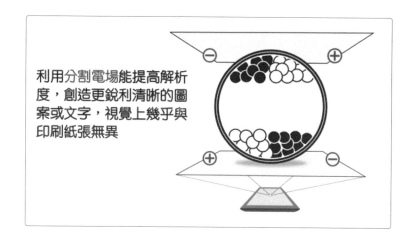

一個簡單的正負相吸原理就可以研發出一項打破傳統的科技產品，你說，智慧的運用是不是很妙？

而以上所介紹的基本原理是黑白雙色電子墨水的基本原理，如果是多色墨水的基本原理，其原理也是一樣，有興趣的各位可以參考元太科技的網站。

本文參考與圖片引用出處

https://zh.wikipedia.org/zh-tw/%E9%9B%BB%E5%AD%90%E5%A2%A8%E6%B0%B4

https://en.wikipedia.org/wiki/E_Ink

https://tw.eink.com/electronic-ink.html

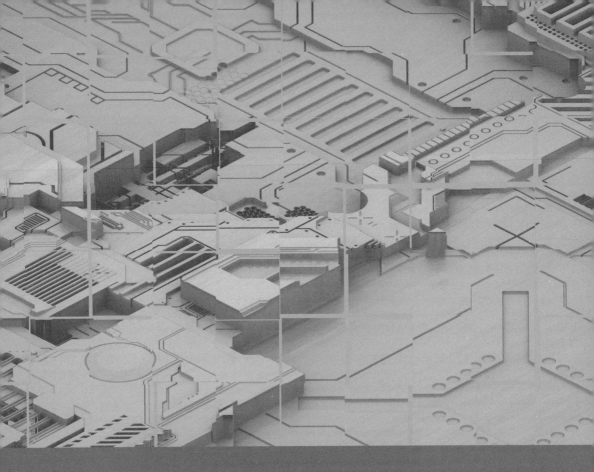

Chapter

03

半導體產業發展概說

前言

在臺灣，你每天幾乎都可以看到有關於半導體的新聞，尤其是財經新聞台，而我們之所以能夠使用計算機，其背後的最大功臣就是本章所要介紹的半導體，沒有半導體，那計算機就不可能普及，也不會出現像手機那樣的電子產品，反之，正是因為有了半導體，計算機才能夠普及，而你也可以方便地使用手機，所以本章就要來介紹半導體這個主角，到底什麼是半導體以及由半導體所衍伸出來的積體電路。

好啦！話不多說，還是一樣讓我們在正式地進入本章之前先來看一篇報導，看完之後，你會大概地知道臺灣半導體的發展史以及其所帶來的經濟奇蹟。

報導出處：LTN 經濟通》台灣半導體霸業 在南陽街豆漿店拍板！

發表時間：2021/04/08 08:04

▲ 工研院電子中心派員赴 RCA 訓練，與 RCA 公關主任合影，左起曹興誠、倪其良、曾繁城、戴寶通、劉英達、陳碧灣、史欽泰。（轉載自工業技術與資訊 319 期）

1976 年 19 位工程師 RCA 受訓

〔財經頻道／綜合報導〕40 多年前，台灣開始推動半導體產業，時至今日，台灣半導體產值已經突破 3 兆元大關，在全球排名第 2，僅次於美國。台灣在晶圓代工領域更居全球之冠，尤其台積電更被視為是「護國神山」。想知

道台灣半導體產業是如何發展起來，就得從 1976 年 19 個台灣工程師赴美國無線電公司（RCA）訓練的故事開始說起。

1970 年代之前，台灣以輕工業、加工出口業為主的產業逐漸成熟，積極尋找發展下個世代的產業。1971 年在推動十大基礎建設後，時任行政院長的蔣經國找來行政院秘書長費驊，希望有在科技方面可以突破的項目。費驊找上當時的電信總局局長方賢齊，兩人過去是上海交大同學。他們商議後，決定找上在美國工作的另 1 位同學潘文淵，當時他是 RCA 微波研究室的研究主任。

於是費驊、方賢齊請潘文淵回國，與時任經濟部長的孫運璿見面。這場 1974 年 2 月的早餐會選在台北市南陽街的「小欣欣豆漿店」，出席的有費驊、孫運璿、方賢齊、潘文淵，還有當時的交通部長高玉樹、工研院長王兆振及電信研究所長康寶煌等 7 人，會中與會者取得共識，決定發展積體電路（IC）技術，這場早餐會也成為台灣半導體大業的起點。

▲ 電子技術諮詢委員會（TAC）由潘文淵擔任主任委員，做為台灣技術、工業發展上的諮詢機構。前排左起凌宏璋、葛文勳、趙曾玨、羅念、胡定華，後排左起厲鼎毅、史欽泰、李天培、楊丁元、潘文淵。（轉載自工業技術與資訊 319 期）

潘文淵研擬「積體電路計畫草案」

1974 年 7 月，潘文淵回國到圓山飯店閉關，撰寫「積體電路計畫草案」。剛從美國取得博士學位回母校交大教書的旺宏前董事長胡定華，聽聞上述計畫，認為自己很適合，於是打電話給潘文淵毛遂自薦，最後由他出任 RCA

技轉計劃的總主持人，負責統籌工研院與美國 RCA 半導體技術移轉，成為台灣半導體業的開路先鋒。

潘文淵為了避嫌，結束了 RCA 的工作，召集當時美國 IC 界有名的旅外專家，組成電子技術諮詢委員會（TAC），由潘文淵擔任主任委員，專家們選出以 CMOS（互補式金屬氧化物半導體）技術做為主要學習目標，同時在工研院成立電子工業研究發展中心。

潘文淵當時認為，IC 能為台灣未來電子工業產生最大的附加價值，且為了節省時間，最快的方法就是從美國引進技術，並從製造積體電路著手。至於為什麼會選擇 RCA 這間公司？當時在專家小組的建議下，政府發函詢問 14 家公司，僅 7 家回覆有意願，其中通用儀器（GI）、休斯（Hughes）、RCA 三間公司進入候選名單，最終選擇與 RCA 合作、簽約。

幾年前 1 場座談會上，胡定華曾提到，當時 RCA 並非一流的廠商，但對台灣最友善，願意在設計方面指導，也在台灣有資本，因此是最好選擇；工研院前院長史欽泰也在同場座談中指出，當時台灣人才已有知識基礎，觀察到 RCA 生產模式老套，便把焦點放在「設備」。

▲ 工研院電子所超大型積體電路實驗工場開工典禮，現為中興院區 67 館。左起章青駒、史欽泰、潘文淵、胡定華、曾繁城。（轉載自工業技術與資訊 319 期）

RCA 首批 19 人 均成半導體業要角

第 1 批赴 RCA 工廠實地訓練的是由工研院派出的 19 名工程師，組成 IC 設計、製程、測試及設備 4 個小組，其中包括曹興誠、曾繁城還有史欽泰等人，後續又有蔡明介、章青駒、王國肇、楊丁元等共 40 多人陸續到 RCA 培訓，這些人才後來都成為台灣半導體業非常重要的角色，也對日後台灣 IC 設計產業發展影響深遠。

工研院電子所當時在完成招募後，就在所內讓種子部隊從 7 微米技術開始研究，先做理論上的驗證、撰寫報告，等待安排到 RCA 工廠訓練。在出發赴美前，工研院也特地開班，幫沒出過國的 RCA 成員加強英文能力。

第 1 批 RCA 成員先到紐澤西 RCA 研發中心集訓，隨後分成 3 隊，包括紐澤西 IC 設計組、俄亥俄州 CMOS 製程組、佛羅里達州記憶體相關製程組，展開 1 年的訓練。RCA 提供員工實務訓練（On Job Training），讓台灣成員直接上生產線，開放所有技術。RCA 當時幾乎把台灣成員視為員工，尤其在資料管理方面，員工每天紀錄產線的問題及解決方法，有些紀錄甚至是論文水準。

▲ 聯華電子自電子工業研究所移轉技術，成為國內第 1 家專業 4 吋晶圓製造公司。（圖為聯電 1 廠。轉載自工業技術與資訊 319 期）

1979 年張忠謀回台發展 6 吋晶圓廠

這群台灣實習生除了學習外也懂得創新，回台將所學投入到示範工廠。1977 年 10 月，由工研院打造的第 1 座積體電路示範工廠正式落成啟用，採用 7.5 微米製程，營運第 6 個月良率就達到 7 成。

接著，1980 年，工研院轉成立聯華電子，做技術移轉，曹興誠也轉到聯電，並在 1982 年升任總經理，聯電最初生產電子錶用的積體電路。但接下來的 10 年，國際間興起了技術保護主義，便很難再從海外做技術移轉。

1979 年開始，工研院要發展超大型積體電路（VLSI）計畫，在孫運璿、李國鼎、徐賢修等人的邀請下，1984 年張忠謀回到台灣，先任工研院院長，發展 6 吋晶圓技術，1987 年至工研院轉成立並做技術移轉的台積電擔任董事長，台積電走的是專業的晶圓代工路線，不會跟客戶形成競爭關係，這對美國企業來說是雙贏的模式。

在和 RCA 合作之後，工研院也與飛利浦密切交流，也造就台灣半導體產業起飛的關鍵，不但讓聯電、台積電確認製程正確無誤，也獲得國際大廠背書，2 家公司產品順利打入國際市場，確立電子產業垂直分割，台灣專攻代工的方向。

▲ 為使工研院 6 吋積體電路實驗工廠發揮效益，時任工研院院長的張忠謀（左 4）與荷蘭飛利浦簽約合作。左 1 立者為時任行政院科技顧問小組召集人李國鼎。（轉載自工業技術與資訊 319 期）

1 場小欣欣豆漿店的早餐會，沒想到成為台灣半導體產業命運的決定性時刻，也很難想像，若沒有這場聚會，台灣的產業將會怎麼走。而催生台灣第 1 個科技兆元產業的潘文淵一生雖然沒有領過台灣的薪水、沒受過台灣的教育、也沒在台灣定居，卻為了台灣在台美間奔走，使 IC 產業能在台灣生根，他也被業界尊稱為「台灣半導體之父」。

以上就是關於臺灣半導體發展的簡史，各位大概知道就好，接下來，我們將要正式地進入半導體這個主題，請大家跟著我們的步伐一起來學習吧！

本文參考與引用出處

https://ec.ltn.com.tw/article/breakingnews/3492388

3-1　一個新興產業的崛起

下圖是一張經過蝕刻（etch）製程處理後的晶圓（以下引用自維基百科）：

半導體產業可以說是國家的重要經濟命脈，截至 2018 年為止，半導體這個產業的總收入就已經破了 4800 億美元，不但如此，這個數字還會持續成長。

半導體這個產業主要是分成兩種類型：

1. 無廠半導體公司（英語：Fabless Semiconductor Company）：只做硬體晶片的電路設計與行銷，其本身並不負責製造，例如：高通（Qualcomm）、博通（Broadcom）、輝達（NVIDIA）、聯發科（MediaTek）、超微（AMD）、海思（Hisilicon）、美滿（Marvell）、賽靈思（Xilinx）、聯詠（Novatek Microelectronics Corp.）與瑞昱（Realtek Semiconductor Corp.）等公司。

2. 晶圓代工或晶圓專工（Foundry）：接受無廠半導體公司來的委託，並從事積體電路的製造，其本身不負責產品的設計與行銷，例如：台積電（TSMC）、格羅方德（GlobalFoundries）、聯電（UMC）、中芯國際（SMIC）、力積電（PSMC）、高塔半導體有限公司（Tower Semiconductor Ltd.）等等。

半導體產業之所以會有這種情況出現，最主要的目的就是希望能夠把積體電路的設計與製造給分開來，換句話說，無廠半導體公司負責研發，而晶圓代工公司負責製造，這兩者之間具有一種互補的關係在，也因為如此，各家公司只要做好自己份內的工作即可，不需要額外從事自己本業以外的工作。

本文參考與圖片引用出處

https://zh.wikipedia.org/zh-tw/%E7%84%A1%E5%BB%A0%E5%8D%8A%E5%B0%8E%E9%AB%94%E5%85%AC%E5%8F%B8

https://zh.wikipedia.org/wiki/%E6%99%B6%E5%9C%93

3-2　真空管與 ENIAC 概說

世界上第一台計算機，就是下面這台 Electronic Numerical Integrator And Computer，其簡稱為 ENIAC，中文名稱為電子數值積分計算機（以下引用自維基百科）：

ENIAC 誕生於 1946 年，以下就是 ENIAC 的基本資料：

名稱	量化結果
造價	50 萬美元（1946 年的 50 萬美元）
體積	2.4m×6m×30.48m（8×30×100 英尺）
占地	167 平方公尺（1800 平方英尺）
重量	27 噸
耗電	150 千瓦

接下來部分就是 ENIAC 的內部資料：

名稱	數量
真空管	17468 個
晶體二極體	7200 個
繼電器	1500 個
電容器	10000 個

至於輸入輸出的部分則是如下所示：

名稱	機器
輸入	卡片閱讀器
輸出	打卡器

所以從上面的資料當中我們可以清楚地看到，ENIAC 的體積不但龐大，而且又重，但以當時候的科學技術來看的話，計算機能夠做到這樣就已經非常棒了，生在 2022 年的各位一定會問，像 ENIAC 這樣的電腦我怎麼從來就沒看過？

各位還記得我們曾經說過，計算機的發展會隨著時間而不斷地進步，所以像 ENIAC 這樣子的計算機它也會進步，所以才有了體積越來越小，且重量越來越輕的計算機出現。

上面的內容講完了，而跟我們半導體製程最有關係的就是上面所說的真空管（以下引用自維基百科）：

真空管最大的功用就在於：

1. 開關：具有接通或切斷電流的功能
2. 放大：把小訊號（例如電流）給放大

當然，真空管也有很多缺點，例如：

1. 體積大
2. 容易燒毀

3. 執行時間有限

4. 真空洩漏

5. 非常耗電

等問題，所以這也是為什麼電腦（或計算機）剛問世之時，很難被推出去而商業化的真正原因，因為成本不但貴，而且問題多。

正因為真空管有上面的諸多缺點，所以後來便激發了許多科學家嘗試尋求新產品來替代真空管，1947 年，約翰·巴丁、沃爾特·布拉頓和威廉·肖克利發明了由半導體材料鍺所製造出來的電晶體（Transistor），而正是這電晶體取代了上面所說過的真空管。

電晶體的特色是除了擁有與真空管一樣的功能之外，而且它還是種固態元件（沒有真空），體積小、重量輕、壽命長與耗電低等等這些全都是電晶體的一大特色。

從此，電子元件便進入了固態的時代，也就是大家在新聞上常常聽到的固態電子元件（Solid-State Electronics），固態電子元件是一種完全使用固體來當電子材料，並且運用材料內的電子或載子來導電的電子元件，正是因為固態電子元件的出現，之後更開啟了對積體電路的發明。

其實，固態電子元件技術不但可以用來製造電晶體，也可以拿來製造像是電容器、電感器、電阻器與二極體等等這些單獨封裝的電子元件（又稱為離散元件 Discrete Component）。

本文參考與圖片引用出處

https://zh.wikipedia.org/wiki/%E9%9B%BB%E5%AD%90%E6%95%B8%E5%80%BC%E7%A9%8D%E5%88%86%E8%A8%88%E7%AE%97%E6%A9%9F

https://en.wikipedia.org/wiki/Vacuum_tube

https://zh.wikipedia.org/zh-tw/%E6%99%B6%E4%BD%93%E7%AE%A1

https://zh.wikipedia.org/zh-tw/%E9%9B%A2%E6%95%A3%E5%85%83%E4%BB%B6

3-3 積體電路概說

上一節，我們講了電阻器與電容器等離散元件，在 1959 年以前，如果要做一個電路，至少得把離散元件給分別製作出來，然後執行焊接與連結，重點是這過程相當麻煩且容易出錯之外，電路的體積也很龐大，直到 1959 年，一位名為 Jack Kilby 的物理學家把所有的電子元件給通通整合在一起，當時 Jack Kilby 所使用的半導體材料是鍺，就這樣，世界上第一個積體電路（Integrated Circuit，簡稱 IC）就被設計了出來（以下引用自維基百科）：

所以積體電路也被稱為集成電路，集成二字的意思講白一點就是指集合的意思，是把多個獨立的東西給集合或串聯在一起，使彼此之間有了聯繫，意思大致上就是這樣。

而我們現在所看到的積體電路，是一種把電晶體、電阻器、二極體、電容器與電感器等等的電子元件給集中在跟指甲差不多大小的矽晶片上（以下為封裝後的結果，以下引用自維基百科）：

因此，積體電路又被稱為微電路（Microcircuit）、微晶片（Microchip）以及晶片（Chip）等。

積體電路的功能主要為運算、輸出以及控制等，各位還記得我們曾經介紹過的 CPU 吧（以下引用自維基百科）：

那就是由積體電路所製造出來的電子產品。

本文參考與圖片引用出處

https://en.wikipedia.org/wiki/Jack_Kilby

https://zh.wikipedia.org/wiki/%E9%9B%86%E6%88%90%E7%94%B5%E8%B7%AF

https://zh.wikipedia.org/wiki/%E4%B8%AD%E5%A4%AE%E5%A4%84%E7%90%86%E5%99%A8

3-4 半導體製程概說

在講半導體製程這個主題之前，讓我們先不要把事情給想得太難太遠太複

雜，各位都知道吐司吧？讓我們先來簡單地想一下吐司的製造流程：

Step 1 準備材料：準備麵粉、砂糖、蜂蜜、鹽、乾酵母、奶油、牛奶與水等材料

Step 2 混合材料：把上面的材料給混合成麵糰

Step 3 搓揉麵團：開始搓揉麵團

Step 4 放上奶油：把麵團鋪平後放上奶油

Step 5 繼續搓揉：繼續搓揉麵團，也就是重複步驟 3

Step 6 放著發酵：靜置麵團，讓麵糰發酵，此時麵團會膨脹

Step 7 準備成形：把麵團弄成長方形，並把空氣擠出

Step 8 放入模具：把長方形麵糰給放進模具當中

Step 9 開始烘烤：開始烘烤麵團

Step 10 長條土司完成：吐司烤完

Step 11 切割吐司：把土司給切成一片一片

Step 12 測試味道：烤焦的部分丟棄，沒烤焦的部分留下

上面就是製作吐司的大概流程，請注意，上面的流程只是個簡化流程，你可別真的拿上面的流程來製作吐司，而在半導體的製作上，整體思維跟製作上面的土司有點相像，注意，只是有點相像而已，並不是百分之百地完全一樣，總之，先有概念就好，不要想太多。

講完了吐司的故事之後，讓我們回到半導體，半導體在製造上，原則上可以分成下面四大項：

1. 備製材料

2. 生長晶體

3. 晶圓製造

4. 封裝測試

以上四大項只是個參考用，不一定得按照這四大去分，以及下面我所要講解的半導體製程僅止於一個非常簡單，並且省去很多細節的簡單流程，大家先有個基本概念就好，暫時不要想太多，讓我們一步一步來看：

Step 1 首先是把沙（二氧化矽，化學式為 SiO_2）給提煉成高純度的矽（多晶矽）（以下均引用自維基百科，但若有其他出處，會再另外標明）：

Step 2 融化多晶矽，接著利用單晶矽的晶種製作出單晶矽的矽晶棒 (Silicon Ingot)：

在此解說一下上面的兩個步驟，長矽晶棒就跟長棉花糖有那麼一點像，最後都是長出一個長條的東西出來，情況如下所示（以下引用自被吃的芭辣 - 痞客邦 " 棉花糖阿伯 "～ 終極版 ~@ 被吃的芭辣 :: 痞客邦 :: ）：

至於單晶矽與多晶矽之間的差別就在於原子的排列狀況，讓我們先來看一下單晶矽與多晶矽的主要結構（以下引用自 SlidePlayer-Chapter 5 單晶矽及多晶矽太陽能電池 5-1 單晶矽及多晶矽太陽能電池的發展及其演進 - ppt download）：

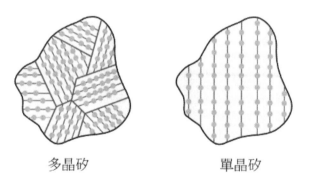

多晶矽   單晶矽

單晶矽與多晶矽之間的差別就在於原子的排列狀況，讓我們用張表來做歸納：

名稱	排列狀況
單晶矽	原子朝一定方向排列
多晶矽	原子沒有朝一定方向排列

Step 3 用切割機去掉矽晶棒的頭部和尾部，並且用鑽石磨輪來研磨（下圖引用自尚志半導體股份有限公司官方網站）：

Step 4 對矽晶棒切片，而切片後的一片一片圓盤物體我們就稱為晶圓（Wafer），並且還會把晶圓的邊邊給磨成圓弧（下圖引用自尚志半導體股份有限公司官方網站）：

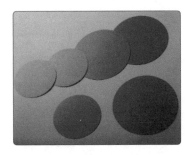

Step 5 對晶圓表面來進行研磨：

Step 6 用蝕刻液來清除損傷的晶圓表面（以下引用自網站）：

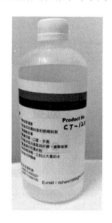

Step 7 加熱晶圓，使晶圓徹底成為單晶的晶圓（也就是俗稱的退火）

Step 8 對晶圓進行拋光處理：

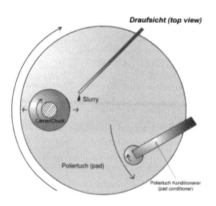

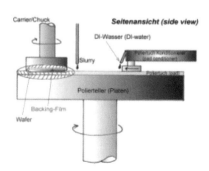

Step 9　鋪上薄膜，例如濺鍍：

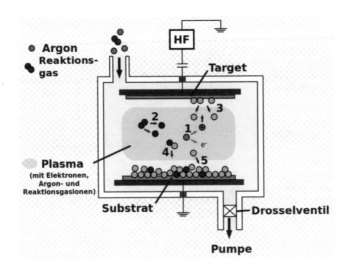

Step 10　把薄膜刻成圖案，並把光阻塗在晶圓上，例如微影製程：

Step 11 用光罩和透鏡讓某部分的光阻因光的照射而產生化學變化，而這步驟我們又稱為曝光（下圖引用自中華日報 | 中華新聞雲網站）：

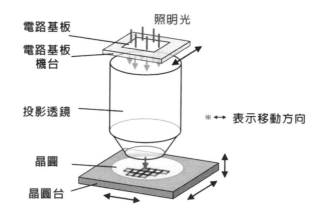

Step 12 用顯影劑來溶解被光所照射到的光阻，這步驟我們稱為顯影。

Step 13 把晶圓給放進腐蝕液體當中，把沒有光阻覆蓋的薄膜給去除，這步驟我們稱為蝕刻：

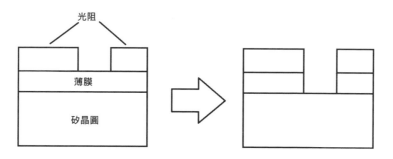

Step 14 去掉光阻：

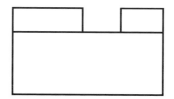

Step 15 對半導體進行參雜，使其成為 N 型或 P 型半導體，這步驟我們稱為離子注入 (Ion Implantation)

Step 16 再度進行退火。

重複前面 9~16 的流程，最後便可以把電路給做出來，例如右圖中的互補式金屬氧化物半導體（Complementary Metal-Oxide-Semiconductor，簡稱為 CMOS）：

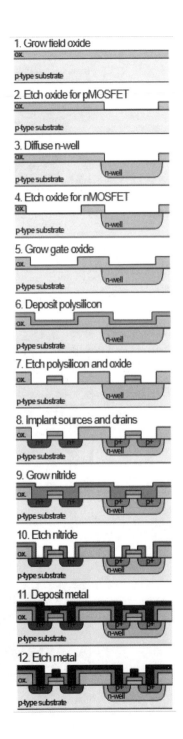

1. Grow field oxide
2. Etch oxide for pMOSFET
3. Diffuse n-well
4. Etch oxide for nMOSFET
5. Grow gate oxide
6. Deposit polysilicon
7. Etch polysilicon and oxide
8. Implant sources and drains
9. Grow nitride
10. Etch nitride
11. Deposit metal
12. Etch metal

Step 17 切割晶圓（下圖引用自立達軟體科技股份有限公司網站）：

Step 18 使用金屬線把晶片 (Chip) 及導線架 (Lead Frame) 給連接起來，這樣一來，晶片就可以跟外面的電路來溝通，這步驟我們稱為打線接合 (英語：Wire Bonding)：

Step 19 把上面給封裝後成為積體電路也就是俗稱的 IC：

Step 20 對引腳（如下圖中所框起來的部分）來做檢測：

以上，就是整個半導體製程的約略概說，內容非常簡單扼要，並且省略了很多細節，其實對初學者而言，大家只要大概地知道半導體與 IC 是怎麼一回事這樣就可以了。

本文參考與圖片引用出處

https://zh.m.wikipedia.org/zh-tw/%E6%B2%99

https://www.google.com/imgres?imgurl=https%3A%2F%2Fslidesplayer.com%2Fslide%2F14941228%2F91%2Fimages%2F27%2F%25E5%259C%25965-14%2B%25E9%259D%259E%25E6%2599%25B6%25E7%259F%25BD%25E7%259A%2584%25E3%2580%2581%25E5%25A4%259A%25E6%2599%25B6%25E7%259F%25BD%25E7%259A%2584%25E3%2580%2581%25E4%25BB%25A5%25E5%258F%258A%25E5%2596%25AE%25E6%2599%25B6%25E7%259F%25BD%25E7%259A%2584%25E4%25B8%2589%25E7%25A8%25AE%25E4%25B8%258D%25E5%2590%258C%25E7%259A%2584%25E7%25B5%2590%25E6%2599%25B6%25E5%259E%258B%25E6%2585%258B.jpg&imgrefurl=https%3A%2F%2Fslidesplayer.com%2Fslide%2F14941228%2F&tbnid=FnCvMGljByfWBM&vet=12ahUKEwj7j4bn-Jf4AhVDS_UHHRWKDy4QxiAoAHoECAAQEw..i&docid=C-RUm4j9_eErYM&w=1024&h=768&itg=1&q=%E5%96%AE%E6%99%B6%E7%9F%BD%20%E5%A4%9A%E6%99%B6%E7%9F%BD&ved=2ahUKEwj7j4bn-Jf4AhVDS_UHHRWKDy4QxiAoAHoECAAQEw

https://www.google.com/imgres?imgurl=https%3A%2F%2Fpic.pimg.tw%2Flily5457%2F1370616131-3607283196.jpg&imgrefurl=https%3A%2F%2Flily5457.pixnet.net%2Fblog%2Fpost%2F39222447&tbnid=qEqmogZNql6j-M&vet=12ahUKEwjx4r_E-pf4AhXbTPUHHSkSBv0QMygQegUIARDjAQ..i&docid=gA4YJmRrzNIxkM&w=640&h=480&q=%E5%81%9A%E6%A3%89%E8%8A%B1%E7%B3%96&ved=2ahUKEwjx4r_E-pf4AhXbTPUHHSkSBv0QMygQegUIARDjAQ

https://en.wikipedia.org/wiki/Polycrystalline_silicon

https://zh.wikipedia.org/wiki/%E6%99%B6%E5%9C%93

https://www.sanchih.com.tw/zh-tw/ProductIngot.aspx

https://en.wikipedia.org/wiki/Lapping

https://cf.shopee.tw/file/4437dff12beeaf300dbd141aa6f67bba

https://zh.wikipedia.org/zh-tw/%E5%8C%96%E5%AD%A6%E6%9C%BA%E6%A2%B0%E5%B9%B3%E5%9D%A6%E5%8C%96

https://de.wikipedia.org/wiki/Sputtern

https://zh.m.wikipedia.org/zh-hant/%E5%85%89%E5%88%BB

https://www.google.com/imgres?imgurl=https%3A%2F%2Fd1j71ui15yt4f9.cloudfront.net%2Fwp-content%2Fuploads%2F2020%2F02%2F21172501%2F04_%25E5%258D%258A%25E5%25B0%258E%25E9%25AB%2594%25E6%259B%259D%25E5%2585%2589%25E6%25A9%259F%25E6%2587%2589%25E7%2594%25A8%25E6%2596%25BC%25E5%258D%258A%25E5%25B0%258E%25E9%25AB%2594%25E6%2599%25B6%25E7%2589%2587%25E8%25A3%25BD%25E9%2580%25A0%25E9%2581%258E%25E7%25A8%258B.jpg&imgrefurl=https%3A%2F%2Fwww.cdns.com.tw%2Farticles%2F119412&tbnid=8Y00uVbNxNlWIM&vet=12ahUKEwivp-nWx-33AhWBz4sBHQZFCXMQMygBegUIARC5AQ..i&docid=E5j3ZtOodylBeM&w=2500&h=1309&q=%E5%8D%8A%E5%B0%8E%E9%AB%94%20%E6%9B%9D%E5%85%89&ved=2ahUKEwivp-nWx-33AhWBz4sBHQZFCXMQMygBegUIARC5AQ

https://en.wikipedia.org/wiki/CMOS

https://www.google.com/imgres?imgurl=https%3A%2F%2Fdke6ljlpvh1te.
cloudfront.net%2Fpublish%2F12838-cZGEG5I6%2FLEADERG%2BAOI-
2%2Bfor%2BDie%2BSaw%2Bscan%2B%2528wafer%2BAOI%2529.
png&imgrefurl=https%3A%2F%2Ftw.leaderg.com%2Farticle%2Findex%3Fsn%
3D10799&tbnid=wP1xa6xQEBgM3M&vet=12ahUKEwjQsbLN0O33AhUTBpQ
KHRDFAZQQMygCegUIARC-AQ..i&docid=nABimbSlt2H8XM&w=640&h=3
58&q=%E5%88%87%E5%89%B2%E6%99%B6%E5%9C%93&ved=2ahUKEwj
QsbLN0O33AhUTBpQKHRDFAZQQMygCegUIARC-AQ

https://en.wikipedia.org/wiki/Wire_bonding

https://zh.wikipedia.org/zh-tw/%E9%9B%86%E6%88%90%E7%94%B5%E8%B
7%AF

3-5　晶圓直徑與電路大小

在講解這個主題之前，讓我們先來看則新聞（以下新聞引用自經濟日報）：

時間：2022/05/20 05:25:00
報社：經濟日報
編譯：湯淑君、記者尹慧中／綜合報導

內文：

華爾街日報（WSJ）報導，知情人士透露，全球晶圓代工龍頭台積電
（2330）正考慮斥資數十億美元，在新加坡蓋 12 吋廠，並獲得星國政府資金
協助，可能以 7 奈米或更成熟的 28 奈米製程切入，是繼日本熊本後，台積
電於台灣之外的亞洲地區再度啟動蓋新廠。

對此，台積電昨（19）日指出，「我們不排除任何可能性，但目前沒有任何具體的計畫」。業界人士分析，台積電已陸續啟動美國、日本等海外新廠建設，並考慮赴歐洲設廠，主要考量應與降低全球地緣政治干擾，滿足客戶需求有關。

台積電昨日股價反映周三 ADR 重挫逾3% 影響，終場跌 16 元、收 522 元，跌幅逾 2.9%，外資終止連三買，轉為賣超 1.2 萬餘張，拖累台股大盤昨天大跌。周四 ADR 早盤在平盤附近震盪。

華爾街日報引述消息來源表示，台積電尚未做出新加坡設新廠最後決定，相關細節仍在商議，但初步磋商涉及一座造價可能高達數十億美元的大型廠。另根據多人說法，新加坡政府可能協助提供建廠資金，與星國經濟發展局的磋商仍在進行。

晶片荒從去年延續到今年，已衝擊汽車等產業。美國、日本等多國政府爭相吸引半導體公司前往當地建立晶片生產線。對美國及其盟國而言，當務之急是降低晶片集中在台灣生產的密集度，並防止尖端技術落入中國大陸手中。

一位知情人士說：「掌握關鍵零組件的供應鏈，對新加坡政府是重要議題。星國也正跟進美、日的腳步。」另一人表示，台積電正評估在新加坡設立 7 奈米至 28 奈米製程生產線的可行性，用於生產汽車、智慧手機和其他裝置需要的晶片。

台積電目前已在新加坡擁有一座 8 吋晶圓廠，該廠於 2000 年動工，2001 年投產，由台積電、恩智浦前身飛利浦半導體，以及新加坡經濟開發投資局（EDBI）共同投資，廠區位於新加坡巴西立晶圓廠工業園區，初期生產製程以 0.25 微米及 0.18 微米為主，2002 年陸續導入 0.15 微米及 0.12 微米製程，滿載月產能達 3 萬片。

台積電現有新加坡廠名為 SSMC，其生產的金氧半導體邏輯（CMOS-Logic）晶片產品可應用於多種領域，包括電信、多媒體、消費性數位電子、網路等。

在上面的新聞中我們可以看到下面兩個關鍵處：

■ 在新加坡蓋 12 吋廠
■ 可能以 7 奈米或更成熟的 28 奈米製程切入

這兩處是貫穿本文的重要關鍵，那這兩句話的意思又是什麼呢？

讓我們分別來回答這兩個問題：

■ 1.12 吋（英吋）的意思就是指晶圓的直徑，如果一片晶圓越大，那就可以切割出越多的 IC 出來，各位可以聽到的晶圓尺寸通常有 6 吋、8 吋以及現在的 12 吋等就是這樣來的。
■ 2.7 奈米或 28 奈米的意思就是指電路的大小，以 7 奈米為例，7 奈米表示電路只有 7 奈米寬，一般來說，電路越細就能夠放入越多的電晶體，這樣一來晶片的能力就會越好。

以上兩者是新聞（尤其是產業新聞）中最常見到的兩個名詞，了解了這兩個名詞所代表的意義之後，各位就知道新聞所要表達的內容到底是什麼了。

本文參考與圖片引用出處

https://money.udn.com/money/story/12926/6326832

3-6 摩爾定律

在半導體產業當中，各位一定會聽到一個名叫摩爾定律（英語：Moore's Law）的專有名詞，那什麼是摩爾定律呢？摩爾定律的意思就是指在積體電路上，其電晶體的數量大約在每兩年左右便會增加一倍，讓我們來看張圖之後就知道（以下引用自維基百科）：

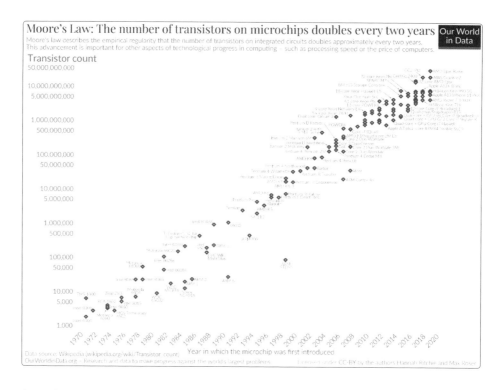

上圖中，橫軸代表年分，而縱軸則是代表電晶體的數量，以及圖中有多家公司，目前我們只看 Intel 就好（下表引用自維基百科，並由作者整理）：

年分 （橫軸）	1971	1972	1974	1976	1978	1979
型號	Intel 4004	Intel 8008	Intel 8080	Intel 8085	Intel 8086	Intel 8088
電晶體數量 （縱軸）	約 2300	約 3500	約 4500	約 6500	約 29000	約 29000
製程	10 微米	10 微米	6 微米	3 微米	3 微米	3 微米

年分 （橫軸）	1982	1982	1985	1989	1993	1995
型號	Intel 80186	Intel 80286	Intel 80386	Intel 80486	Pentium	Pentium Pro
電晶體數量 （縱軸）	約 55000	約 134000	約 275000	約 1.2–1.6 百萬	約 3.1 百萬	約 5.5 百萬

年分 （橫軸）	1982	1982	1985	1989	1993	1995
製程	3 微米	1.5 微米	1.5~1 微米	1~0.6 微米	0.8 微米到 10 奈米	0.35 微米 至 0.50 微米

剩下的部分各位可以自己看圖。

至於製程與年代的部份各位可以參考下表（以下引用自維基百科）：

製程	年代
10 μm	1971
6 μm	1974
3 μm	1977
1.5 μm	1981
1 μm	1984
800 nm	1987
600 nm	1990
350 nm	1993
250 nm	1996
180 nm	1999
130 nm	2001
90 nm	2003
65 nm	2005
45 nm	2007
32 nm	2009
22 nm	2012
14 nm	2014
10 nm	2016
7 nm	2018
5 nm	2020
3 nm	2022
2 nm	2024

注意，在上表中：

1. μm 就是微米的意思，而 nm 就是奈米的意思。
2. 2024 年的 2 nm 得視當時候的情況而定，目前僅供參考用。

其實摩爾定律最主要的重點就在於，積體電路上可以放置的電晶體數量會隨著年份的增長而越來越多，這是一種技術上的進步，所以各位也不用很執著於數字。

另外，常常跟摩爾定律相提並論的就是「18 個月」，這「18 個月」的意思就是指每 18 個月晶片的效能將會提高一倍。

本文參考與圖片引用出處

https://zh.wikipedia.org/wiki/%E6%91%A9%E5%B0%94%E5%AE%9A%E5%BE%8B

1-7 Integrative Level 概說

上一節，我們講了摩爾定律，依照摩爾定律來看，積體電路上的電晶體數量會隨著時間與技術的發展而越來越多，因此，這就衍伸出了一個問題，那就是電路的稠密程度也一定會越來越高，而 Integrative Level 這個專有名詞則表示電路的稠密程度，也就是電路的密度。

依照 Integrative Level 的想法，我們可以把積體電路給依照邏輯閘（可以實現用 0 與 1 來運算的裝置）又或者是電晶體的數量來做劃分，以下就是（引用自維基百科）：

中文名稱	英文名稱	簡寫	數量
小型積體電路	Small Scale Integration	SSI	邏輯閘 10 個以下或電晶體 100 個以下

中文名稱	英文名稱	簡寫	數量
中型積體電路	Medium Scale Integration	MSI	邏輯閘 11~100 個或電晶體 101~1k 個
大型積體電路	Large Scale Integration	LSI	邏輯閘 101~1k 個或電晶體 1,001~10k 個
超大型積體電路	Very Large Scale Integration	VLSI	邏輯閘 1,001~10k 個或電晶體 10,001~100k 個
極大型積體電路	Ultra Large Scale Integration	ULSI	邏輯閘 10,001~1M 個或電晶體 100,001~10M 個
巨大規模積體電路（名稱暫譯）	Giga Scale Integration	GSI	邏輯閘 1,000,001 個以上或電晶體 10,000,001 個以上

本文參考與圖片引用出處

https://zh.wikipedia.org/zh-tw/%E9%9B%86%E6%88%90%E7%94%B5%E8%B7%AF

1-8 無塵室簡介

在前面，我們已經看了半導體在製程上有越來越小的趨勢，但在這麼小的尺寸上製造半導體會不會有什麼問題呢？讓我們來看張圖之後來做比較：

1. 在 100 μm 的電晶體上有一個 1 μm 的小灰塵：

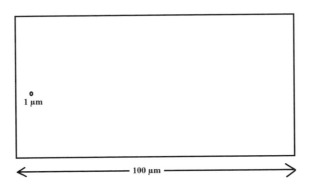

1 μm

100 μm

2. 在 1μm 的電晶體上有一個 1 μm 的小灰塵：

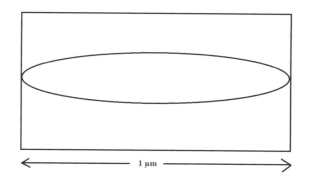

所以第一種情況還不會發生什麼致命的問題，但第二種情況就會，因此，在半導體業當中，有一種很特別的防護便出現了，這就是大家都耳熟能詳的無塵室（Clean Room，以下引用自維基百科）：

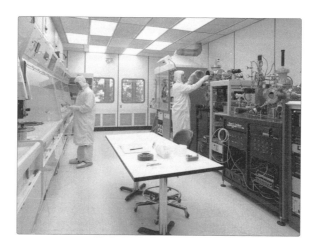

無塵室並非完全一塵不染，而是指一個具有低汙染的環境，例如說灰塵、微生物與懸浮顆粒等等。

本文參考與圖片引用出處

https://zh.wikipedia.org/wiki/%E5%87%80%E5%AE%A4

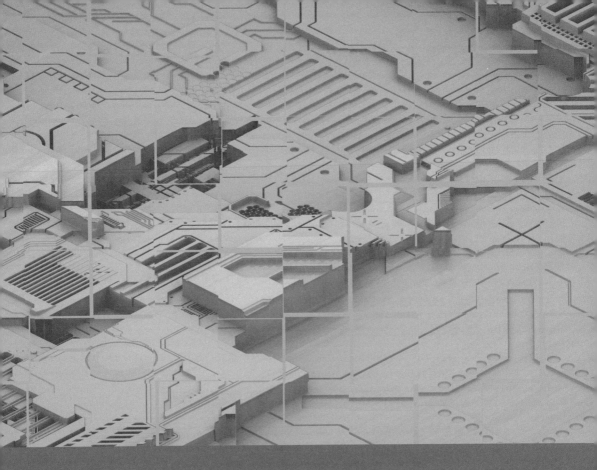

Chapter

04

半導體材料與半導體
動作原理概說

前言

半導體材料有矽與鍺，當然也有其他以化合物為形式的半導體材料，例如砷化鎵 (GaAs) 就是一個非常好的範例。砷化鎵這三個字各位應該多多少少都有在新聞上聽過，它是一種半導體材料，而且也廣泛地運用在電子工業上，還是一樣，在進入本章之前先讓我們來看篇新聞。

新聞出處：MoneyDJ 理財網
新聞標題：台砷化鎵晶圓代工 3 優勢 產能 / 技術 / 供應鏈布局
發布時間：2021-11-01 14:31:54

記者：新聞中心

台灣在砷化鎵供應鏈布局相對完整

供應鏈	台灣業者	外商	中國
砷化鎵磊晶圓	全新光電	IQE、住友化學、日立電纜、英特磊	
IC設計	立積、絡達	MACOM、ADI、博通	海思、唯捷創芯、慧智微電子、銳迪科
晶圓代工	穩懋、宏捷科、聯穎	環宇、Qorvo	三安光電
封裝測試	同欣電、菱生、日月光、京元電、全智、矽格	—	
IDM	全訊、漢威	Skyworks、Qorvo、Murata、II-VI、Lumentum	

資料來源：DIGITIMES Research整理．2021/10　　DIGITIMES

根據 DIGITIMES Research 分析師陳澤嘉觀察，矽 (Si) 雖是主流的半導體材料，然化合物半導體 (Compound semiconductor) 因材料特性不同，亦有其適用的範疇，其中，砷化鎵 (GaAs) 已廣泛應用於通訊射頻 (RF) 元件。台灣砷化鎵晶圓代工業者穩懋 (3105) 與宏捷科 (8086) 因產能規模優勢與技術成熟，加以台灣上下游供應鏈布局完整，可望掌握更多 5G 等新興應用商機。

砷化鎵功率放大器 (PA) 市場雖由 Skyworks、Qorvo 等 IDM 主導，但穩懋與宏捷科因擁有大規模量產砷化鎵元件的代工能力，加上砷化鎵磊晶圓與封裝測試亦有台廠可配合，除吸引國內外砷化鎵 IC 設計業者委託代工，國際 IDM 亦釋出訂單，使穩懋、宏捷科持續穩居全球砷化鎵晶圓代工前二大業者，合計囊括全球代工部分近 9 成市佔率。

DIGITIMES Research 指出，觀察穩懋與宏捷科未來布局方向，除持續加強砷化鎵元件生產技術開發外，亦已布局磷化銦 (InP)、氮化鎵 (GaN) 等化合物半導體製造能力，鎖定 5G 通訊、衛星通訊、3D 感測等應用，同時也積極朝資料中心、AR/VR、車用雷達、光達 (LiDAR) 等新應用發展。另外，為滿足新興應用帶來的產能需求，穩懋與宏捷科亦將在 2022 年開出新產能。

讀完了上面的新聞之後，相信各位多多少少應該都可以知道以半導體材料砷化鎵為主的產業市場，但卻無法了解半導體的工作原理，所以，本章就要來介紹有關於半導體的基本知識，同時也包括其工作原理。

本文參考與圖片引用出處

https://www.moneydj.com/kmdj/news/newsviewer.aspx?a=7a371558-7507-4910-83d6-df669abb270a

4-1 導體、半導體與絕緣體概說

在講解導體、半導體與絕緣體這個主題之前，讓我們先回到水車：

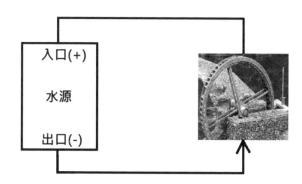

各位都知道，如果水車的構造比較小，這時候水會比較容易推動水車，但如果水車很大，這時候水要推動水車就很不簡單了，而像這種好不好推的力量就是一種阻力，也就是阻礙水來推動水車的一種力量，在此，我們就簡稱這種阻力為水阻，注意，水阻這名詞是我為了方便解釋本節的內容而自己發明的名詞。

類似情況，我們也可以把水阻的概念給套用在電學上：

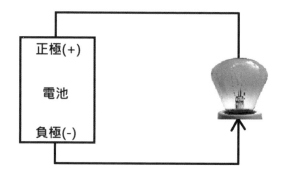

如果這時候燈泡的阻力過大，大到讓電子流不過去，那這時候的燈泡便不會發光，反之，如果這時候燈泡的阻力很小，小到讓電子流得過去，那這時候

的燈泡便會發光,因此,在這裡我們對於這種阻礙電子能否流通得過的阻力就稱為電阻,其英文名稱為 Electrical Resistance。

所以,這就衍伸出了兩個問題:

1. 電子流到燈泡時,通與不通?
2. 構成電阻本身的材料種類決定了電子是否能夠流通?

關於第一個問題的答案我們已經知道了,至於第二個問題的答案比較複雜,但至少可以分成下面三種,分別是:

材料種類	結果
導體	導通
半導體	視條件來控制
絕緣體	不導通

其中,導體就像是銅線那樣的金屬,至於絕緣體的話就像紙或玻璃,而所謂的半導體(英語:Semiconductor)就是介於容易導通的導體與不容易導通的絕緣體的中間物。

最後,我們對於電阻一樣也可以用個數字並加上個以歐姆(Ω,Ohm)為單位來做表示,例如說 1.5 歐姆的電阻。

本文參考與圖片引用出處

維基百科,前已經列出過引用出處,在此不再重複列出引用出處。

4-2 半導體材料簡介

上一節,我曾經講過了導體以及絕緣體的材料,而本節,我們要來討論的是半導體材料,那半導體有哪些材料呢?在此之前,讓我們先來看一下下圖的元素週期表(以下引用自維基百科):

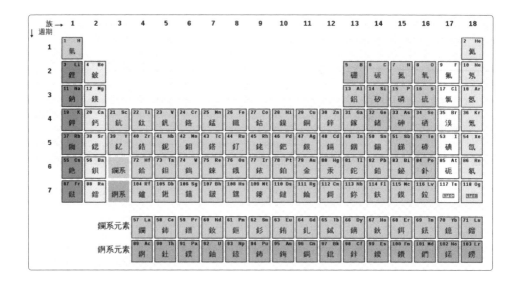

請各位注意框起來的地方：

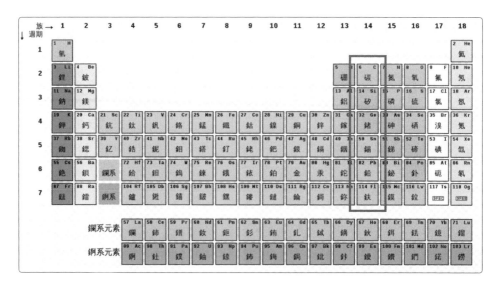

也就是週期表當中的碳、矽、鍺、錫、鉛與鈇（音同夫），其中，矽跟鍺這兩種材料是最常見的半導體材料，但後來也有其他例如像是砷化鎵、磷化銦、氮化鎵與碳化矽等半導體材料。

4-3　八隅體規則與共價鍵簡介

在講解八隅體規則（Octet Rule）之前，讓我們先來看一則小故事，假設在遙遠的銀河系當中有一顆星球，這顆星球上的人跟我們地球上的人長得完全不一樣，主要是他們有四隻手與兩隻腳，其中，四隻手的長度一樣：

而又根據當地的自然法則，每一個人最多只能跟四個人來一起握手，像這樣：

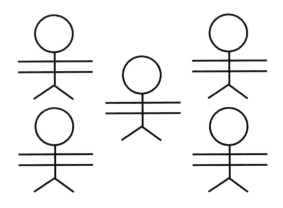

這是握手時的情況：

這時候中間的人看起來，彷彿就有八隻手，各位説對嗎？而像這種八隻手，就是所謂的八隅體規則，其中，中間的人與另外四個人各共用或共享彼此之間的手：

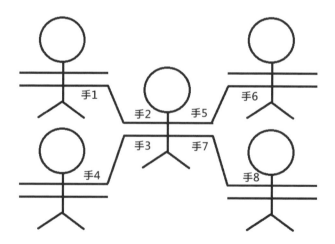

這時候的一對手，就是所謂的共價鍵（Covalent Bond），例如手 1 與手 2、手 4 與手 3、手 6 與手 5 以及手 8 與手 7 等等，不過在此補充一點，如果中間那個人要是有六隻手，那這時候再來一個也同樣是六隻手的人的話，此時兩人只要伸出兩隻手來握這樣就可以了：

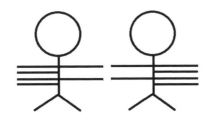

注意一下，對左邊的人來說，左邊的人彷彿有八隻手一樣：

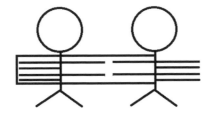

而對右邊的人來說，右邊的人也彷彿有八隻手一樣：

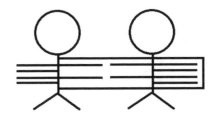

了解了上面的原理之後，現在讓我們回到科學，還是一樣，讓我們不要把事情給弄得太難太複雜，我們先來看看氫原子的情況（以下引用自維基百科）：

最簡單的氫原子只有一個帶正電的質子與一個帶負電的電子，如果這時候還
有另一個氫原子的話，則這兩個氫原子可以結合在一起，就像這樣：

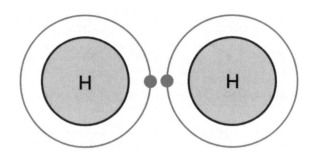

其中，框起來的部分就是共價鍵：

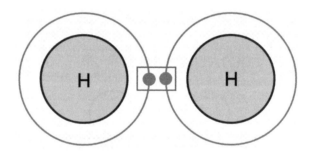

以上是共價鍵的簡單範例，現在，讓我們來看一個稍微複雜一點的例子，例
如氧原子：

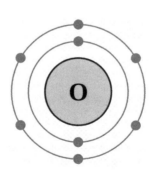

由於氧原子最外面有六個價電子，所以這時候只要再來一個氧原子之後，這
兩個氧原子便可以結合在一起：

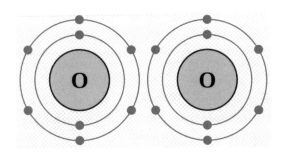

這時候對於左邊的氧原子來說，一共有六個價電子，其中有兩個價電子與右
邊的氧原子的兩個價電子來共用，這種情況符合八隅體規則以及共價鍵原
理：

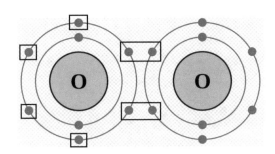

但如果你從右邊來看的話，這時候對於右邊的氧原子來說，一共有六個價電
子，其中有兩個價電子與左邊的氧原子的兩個價電子來共用，這種情況一樣
也符合八隅體規則以及共價鍵原理：

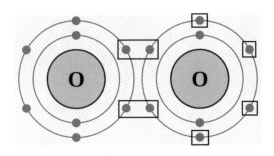

以上就是我們對八隅體規則以及共價鍵原理的大致解說，其實如果你真的要了解得更仔細的話，可以參考下圖當中，兩個氧原子準備結合在一起的狀況（以下引用自維基百科）：

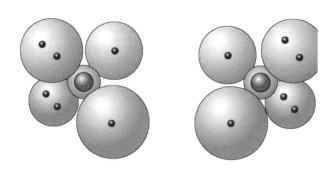

這是結合之後的狀況（以下引用自維基百科）：

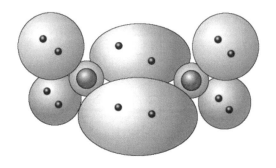

而這是氫原子的結合情況（以下引用自維基百科）：

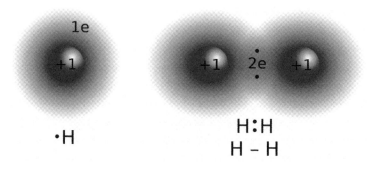

在上面的圖當中,電子就好像雲(簡稱為電子雲)一樣地結合在一起,例如以氫原子為例,當兩個氫原子外面的電子雲重疊在一起的時候,此時便形成了共價鍵,而兩個氫原子分別共用一對電子,不過這是量子力學的領域,我們就不談了,我們只要把電子給想成像球那樣,並解釋原子與原子之間的結合這樣就夠了。

本文參考與圖片引用出處

https://ca.wikipedia.org/wiki/Hidrogen

https://zh.wikipedia.org/wiki/%E6%B0%A7

https://zh.wikipedia.org/wiki/%E5%85%B1%E4%BB%B7%E9%94%AE

4-4 對於矽的簡介

前面,我們已經對八隅體規則與共價鍵都做了個簡介,現在,我們要把這套簡介用在於半導體材料矽的上面,首先讓我們來看看矽長得什麼樣子(以下引用自維基百科):

接下來，讓我們來看一下矽的電子結構（以下引用自維基百科）：

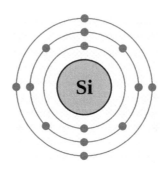

這是一個矽原子的情況，在真實情況之下，一個矽原子可以外接四個矽原子：

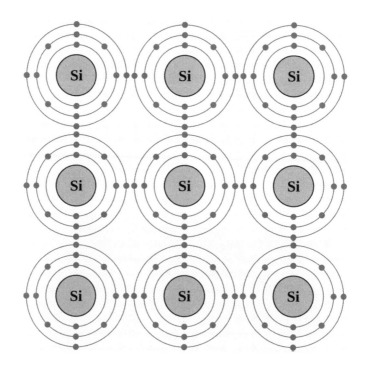

以中間的矽原子為例,框起來的地方就是所謂的共價鍵:

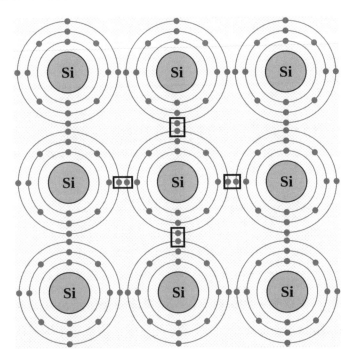

本文參考與圖片引用出處

https://zh.wikipedia.org/zh-tw/%E7%A1%85

4-5 本徵半導體與雜質半導體簡介

在前面,我們所看到的半導體材料矽在經過精煉之後,其純度可以高達
99.999% 以上,而我們對於像矽那樣子的半導體材料可以不參雜雜質,當
然也可以參雜雜質,不參雜雜質的半導體,我們就稱為本徵半導體(英語:
Intrinsic Semiconductor),圖示如下所示(以下引用自維基百科):

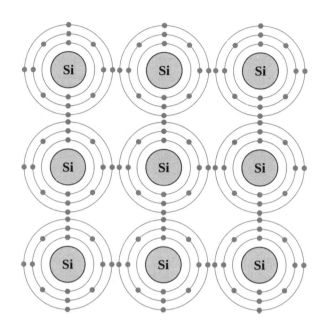

而對本徵半導體來參雜一些雜質之後，這種半導體就被稱為雜質半導體（英語：Extrinsic Semiconductor），參雜雜質的主要原因是讓半導體的電學性質發生變化，這樣講太過於抽象，讓我們來看看下圖：

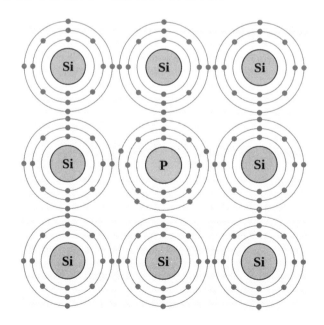

在上圖中，原本的矽原子被磷原子給取代，請各位注意一點，磷原子的價電子是 5（以下引用自維基百科）：

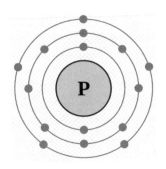

所以各位可以看到，當把磷原子給參雜進去之後，磷原子會跟周遭的矽原子形成共價鍵，但此時卻會多一個電子出來，而多出來的這個電子，就會變成自由電子，如下圖中箭頭所指向的電子：

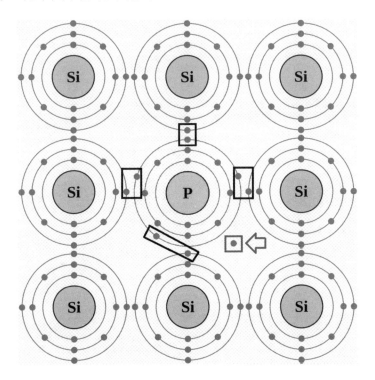

像這種多一個電子出來的半導體，又被稱為 N 型半導體，N 型半導體的特點是導電性會變大，而其中的 N 意思是 Negative。

當然，除了可以參雜具有五個價電子的磷原子之外，也可以參雜像是具有三個價電子的硼原子（以下引用自維基百科）：

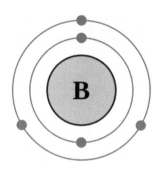

這是參雜硼原子之後的情況：

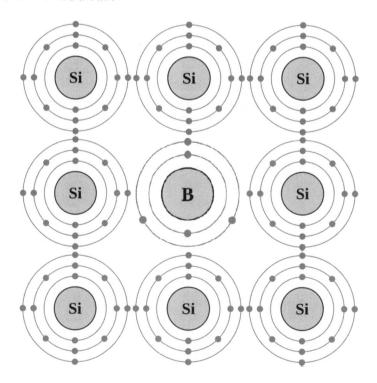

請注意，當把硼原子給參雜進去之後，硼原子會跟周遭的矽原子形成共價鍵，但此時卻會少一個電子，而少的這個電子，就彷彿有一個空洞那樣，如下圖中箭頭所指向的地方所示：

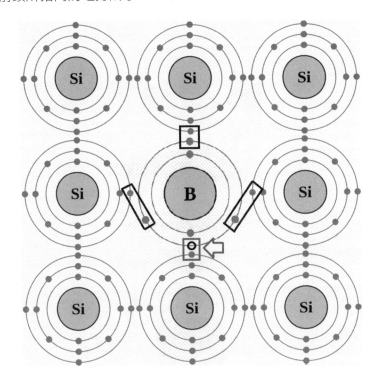

像這種少一個電子的半導體，又被稱為 P 型半導體，P 型半導體的特點是導電性也會變大，而其中的 P 意思是 Positive。

對於 P 型半導體來說，那個空洞又被稱為電洞，電洞很特別，它不會受到共價鍵的約束，可以把電洞給想像成如同正電荷那樣的自由電子。

本文參考與圖片引用出處

https://zh.wikipedia.org/wiki/%E7%A3%B7

https://zh.wikipedia.org/wiki/%E7%A1%BC

4-6 二極體概說

在前面，我們已經對半導體有了個基本概念，而現在，我們要把這個基本概念給拿來應用，其中，二極體就是一個非常好的例子（以下引用自維基百科）：

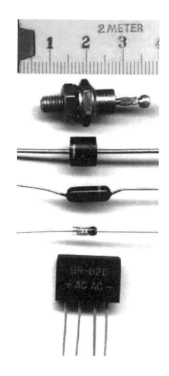

還是一樣，讓我們不要把事情給想得太難太遠太複雜，讓我們回到 P 型半導體與 N 型半導體，並且把這兩個半導體給接在一起，圖示如下所示（以下引用自維基百科）：

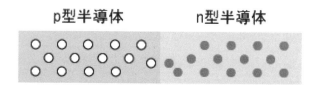

其中，P 型半導體當中的孔洞就是前面所講過的電洞，而 N 型半導體當中的小球就是前面所講過的電子，而在此，電洞與電子同時也被稱為載子，至於 P 型半導體與 N 型半導體結合起來的接面，我們就稱為 PN 接面，圖示如下所示：

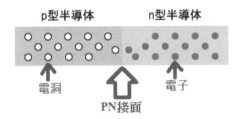

當 P 型半導體與 N 型半導體接在一起的時候，由於 P 型半導體的電洞較多，所以 P 型半導體當中的電洞會往 N 型半導體的方向移動，而 N 型半導體的電子較多，所以 N 型半導體當中的自由電子會往 P 型半導體的方向移動，像這種載子移動的情況，我們就稱為擴散電流，情況如下圖中的 (1) 所示，其中正孔就是所謂的電洞：

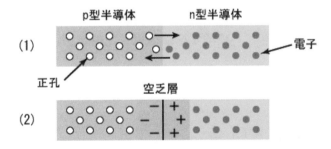

移動之後會造成 P 型半導體的接面處帶負電，而 N 型半導體的接面處帶正電，因此阻止了電子和電洞的持續結合，導致形成了一個既沒有電子也沒有電洞的「空乏層」或「空乏區」，如上圖中的 (2)，空乏區是一個電位障或障壁電位，用白話來說的話空乏區就像一道牆那樣，插在 N 型半導體與 P 型半導體之間。

而空乏層的裡面則是存在一個所謂的內電場，而這內電場，可以讓少數載子因此而發生流動（也就是所謂的飄移電流），最後提醒一點，電子可從 N 型半導體流往 P 型半導體，但不能反過來，所以是單向流通。

本文參考與圖片引用出處

https://zh.wikipedia.org/zh-tw/%E4%BA%8C%E6%A5%B5%E9%AB%94

https://zh.wikipedia.org/wiki/%E9%9B%BB%E5%AD%90%E5%85%83%E4%BB%B6

https://zh.wikipedia.org/wiki/%E4%BA%8C%E6%A5%B5%E9%AB%94

https://www.youtube.com/watch?v=hAOOkgkA_wo

4-7　通電的二極體

前面，我們已經講解了二極體，那是個把 P 型半導體與 N 型半導體給結合起來的一種電子元件，現在，我們要把這種電子元件給應用在電路上（以下部分引用自維基百科）：

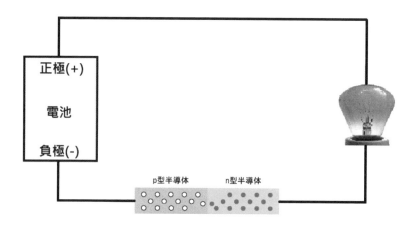

P 型半導體那一側（電極）是陽極，而 N 型半導體那一側（電極）是陰極，在上圖中，由於電池的負極 (-) 會吸引 P 型半導體當中的電洞，而電池的正極 (+) 會吸引 N 型半導體當中的電子，這樣一來便會造成空乏區的變大，使得電無法導通，導致燈泡不亮，造成所謂的斷路（也稱為開路）：

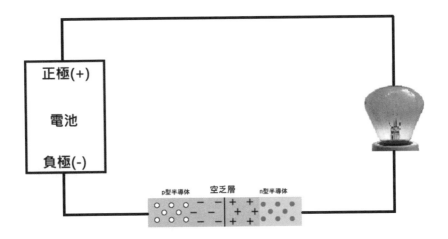

這時候我們稱這樣子的電壓方式為逆向偏壓。

但如果電池的方向相反（以下部分引用自維基百科）：

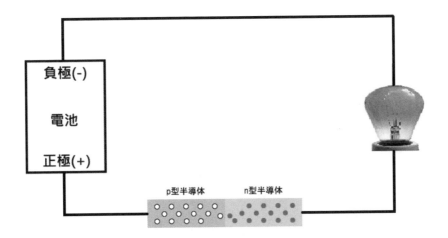

這時候，電池的負極 (-) 會推 N 型半導體當中的自由電子，使得 N 型半導體當中的自由電子往 P 型半導體的方向來移動，而這些自由電子還會受到電池正極 (+) 的吸引，並流回到電池的正極 (+)，而 P 型半導體當中的電洞也會受到負極 (-) 的吸引，進而朝 N 型半導體的方向來移動，這樣一來，空乏區變小，電就導通，燈泡便會發光：

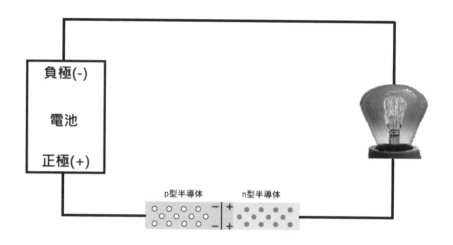

這時候我們稱這樣子的電壓方式為正向偏壓。

從二極體的例子當中我們可以知道，二極體可以充當日常生活當中的開關。

最後，半導體和電池的方向正確，就有電流，方向不正確，就形成斷路，它只有一個方向可以通電，所以稱為半導體。

本文參考與圖片引用出處：維基百科。

4-8 電晶體結構概說

前面，我們已經對二極體有了個基本概念，那現在各位可以來想想，既然半導體有 P 型半導體與 N 型半導體之分，且這兩個半導體又可以結合在一起成為所謂的二極體，那現在問題來了，能不能把三個半導體給結合起來呢？答案是可以的，像這種電子元件，我們就稱為電晶體（以下部分引用自維基百科）：

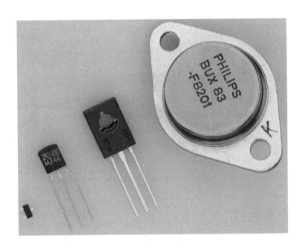

關於電晶體，其結合方式目前有 NPN（以下為示意圖，引用自維基百科）：

與 PNP（以下為示意圖）：

這兩種型態。

而這兩種半導體，它們的電極表示方式則是如下所示（以下引用自維基百科）：

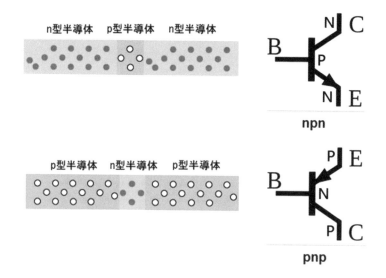

至於電極名稱如下表所示：

電極	英文簡寫
集極	C
基極	B
射極	E

以上，就是電晶體的大致結構。

本文參考與圖片引用出處

https://de.wikipedia.org/wiki/Transistor

https://zh.wikipedia.org/zh-tw/%E6%99%B6%E4%BD%93%E7%AE%A1

4-9 電晶體的動作原理 1

前面，我們已經對電晶體有了大致上的認識，現在，我們要把電晶體給接上電池，以 NPN 為例，情況如下所示（以下部分引用自維基百科）：

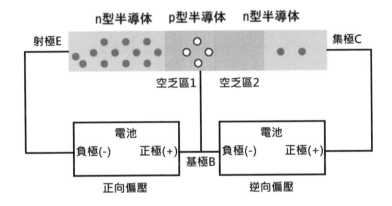

在上圖中，左邊的 N 型半導體參雜的電子數較多（圖中有 12 顆實心球表示電子），而右邊的 N 型半導體參雜的電子數較少（圖中有 2 顆實心球表示電子），至於中間的 P 型半導體則是做得很薄。

對正向偏壓來說：

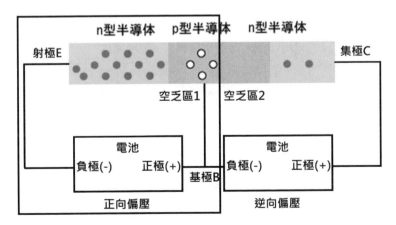

由於電池的負極與左邊 N 型半導體當中的電子相斥，再加上電池的正極與 P 型半導體的當中的電洞相斥，導致空乏區（也就是圖中的空乏區 1）變小，之所以造成如此結果，主要是正向偏壓的因素。

而對逆向偏壓來說：

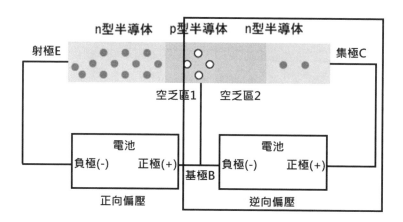

由於電池的負極與 P 型半導體的當中的電洞相吸，再加上電池的正極與 N 型半導體的當中的電子相吸，導致空乏區（也就是圖中的空乏區 2）變大，之所以造成如此結果，主要是逆向偏壓的因素。

讓我們把視野放到正向偏壓的地方，由於左邊 N 型半導體的電子數多，且空乏區薄，因此電子很容易往 P 型半導體的方向來移動：

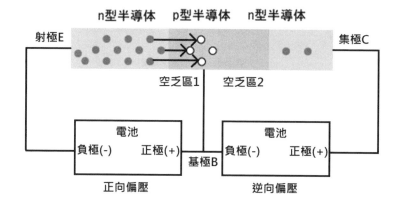

當電子移動到 P 型半導體的地方之後，就會跟電洞結合在一起：

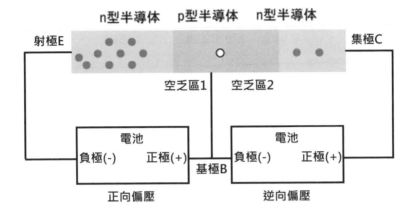

接著，左邊 N 型半導體當中的電子會繼續往 P 型半導體的方向來移動：

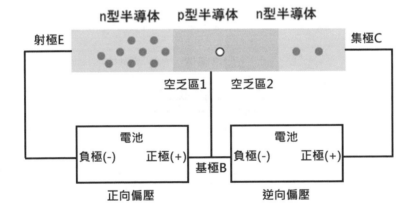

此時正向偏壓的電池，其負極的電子則是會繼續往左邊 N 型半導體的方向來移動：

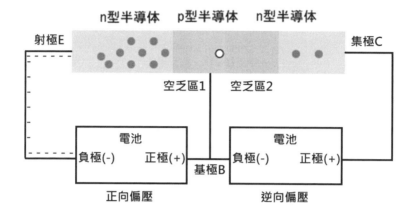

之後電子會進入左邊的 N 型半導體當中，由於左邊 N 型半導體當中的電子數量龐大，於是電子便會穿過空乏區，直接流往右邊的 N 型半導體：

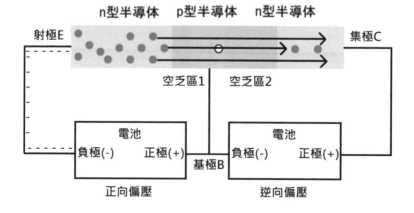

最後電子從右邊的 N 型半導體當中流回電池，這樣就完成了一個迴路。

本文參考與圖片引用出處：維基百科。

4-10 電晶體的動作原理 2

上一節，我們把 NPN 給接上了兩顆電池（以下部分引用自維基百科）：

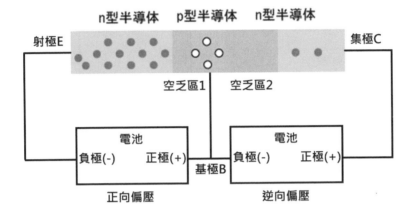

並且還說明了電子的流動方向，也就是所謂的電子流：

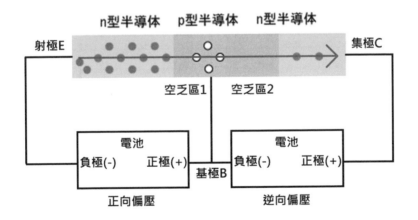

上圖中，我特意用了條紅色箭頭來表示電子的流向，但話雖如此，並不是百分之百所有的電子都會從左邊的 N 型半導體流向右邊的 N 型半導體，事實上會有非常非常非常少一部份的電子會往基極的方向流過去：

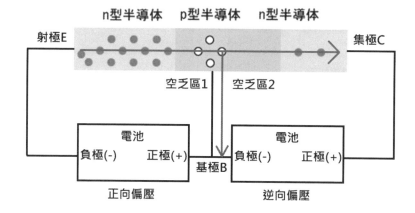

讓我們把全部的電子流上個編號，並設立個分支點：

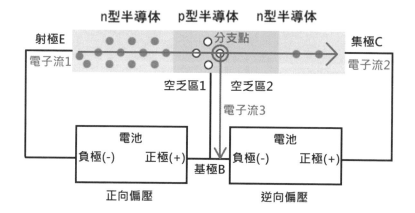

當電子（也就是電子流 1）從射極進入 N 型半導體之後，便會往右邊的 N 型半導體的方向流過去，當電子流到分支點的地方之時，這時候絕大多數的電子會走電子流 2 的方向，只有非常非常非常少數的電子會走電子流 3 的方向，而總電子的數量就是：

電子流 1 的電子數量 = 電子流 2 的電子數量 ＋ 電子流 3 的電子數量

本文參考與圖片引用出處：維基百科。

4-11 電晶體的動作原理 3

前面，我們已經講了電子在 NPN 當中的流動方式（以下部分引用自維基百科）：

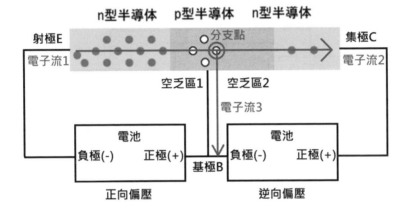

在此有兩個地方我們要來檢討：

- 當電子流 1 流到分支點之時，會有極少數的電子往基極的方向來移動，也就是上圖中的電子流 3，剩下絕大多數的電子也就是電子流 2 便會走向集極的方向，換句話說，只用了少數的電子流 3，便得到大量的電子流 2，所以電晶體具有放大效應。

- 如果關掉往基極方向的電路，這時候電路便會不通，因此，電晶體也可以當成開關來使用。

本文參考與圖片引用出處：維基百科。

4-12 直流電、交流電與二極體概說

在我們的日常生活裡頭，多多少少都會聽過直流電與交流電這兩個專有名詞，而這兩個專有名詞指的是什麼意思呢？在此讓我們來回顧一下圖（以下部分引用自維基百科）：

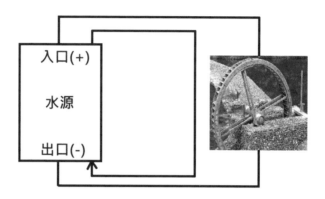

在上圖中，水流的大小與方向固定不變，像這種情況，我們就稱為直流水，至於交流水的部分，各位可以參考下圖：

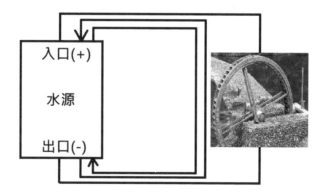

上圖中的水流，不但可以向右繞，而且也可以向左繞，像這種水，我們就稱為交流水。

同樣道理，電流的情況也是一樣，如果：

- 電流的大小與方向固定不變，那這種電就是直流電
- 電流的大小與方向呈現周期性的變化，那這種電就是交流電

讓我解釋一下上面的第一點與第二點的範例，還是一樣不要太難，讓我們舉個生活上的例子之後各位就知道了。

範例一：電流的大小與方向固定不變，那這種電就是直流電

如果你手上有 100 元，1 秒鐘過去了，你還是只有 100 元，2 秒鐘過去了，你還是只有 100 元，3 秒鐘過去了，你一樣還是只有 100 元，像這種情況手上的錢並不會隨著時間而做任何的改變就是屬於不變，圖示如下所示：

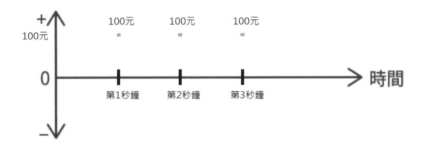

上圖中，第 1 秒鐘有 100 元，第 2 秒鐘有 200 元，第 3 秒鐘也是只有 100 元。

如果把上面的三個點給連起來，那就是像這樣：

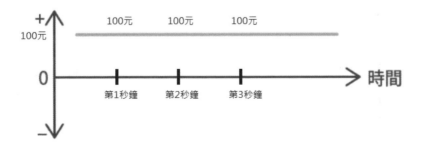

就算你在第 2.5 秒，你一樣也是有 100 元：

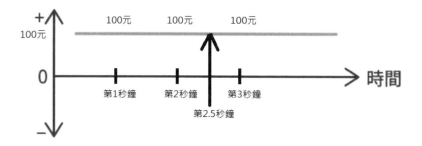

至於第二點的情況有點複雜，我用一種稍微誇張一點的手法來描述。

範例二：電流的大小與方向呈現周期性的變化，那這種電就是交流電

如果你一開始沒有錢：

然後你去外面工作賺錢，工作了 1 個小時之後，你賺了 50 元：

第 2 個小時之後,你又賺了 50 元,所以你現在總共有 100 元:

第 3 個小時之後,你去賭博輸了 50 元,所以你現在還有 50 元:

第 4 個小時之後,你又賭輸了 50 元,所以你現在只剩 0 元:

第 5 個小時之後，你又賭輸了 50 元，所以你現在欠債 50 元：

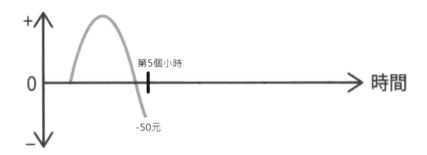

第 6 個小時之後，你又賭輸了 50 元，所以你現在欠債 100 元：

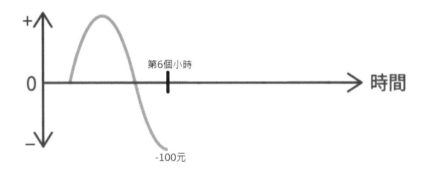

但第 7 個小時之後，你賭贏了 50 元，所以你現在欠債 50 元：

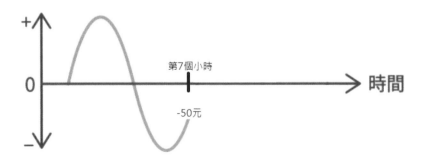

第 8 個小時之後,你又賭贏了 50 元,所以你現在欠債 0 元:

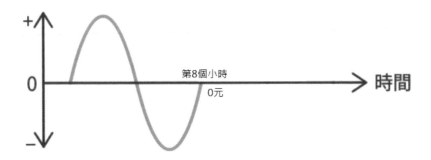

第 9 個小時之後,你又賭贏了 50 元,所以你現在有 50 元:

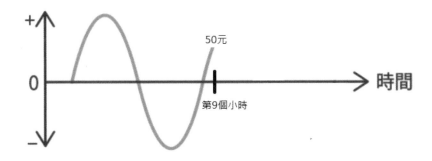

第 10 個小時之後,你又賭贏了 50 元,所以你現在總共有 100 元:

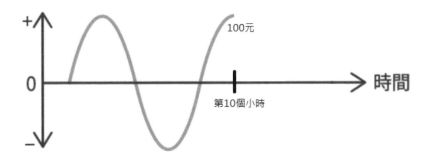

第 11 個小時之後，你賭輸了 50 元，所以你現在有 50 元：

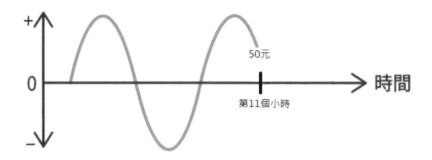

第 12 個小時之後，你又賭輸了 50 元，所以你現在只有 0 元：

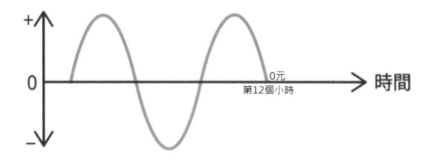

第 13 個小時之後，你又賭輸了 50 元，所以你現在欠債 50 元：

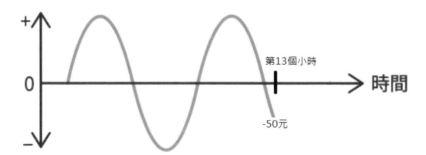

第 14 個小時之後，你又賭輸了 50 元，所以你現在欠債 100 元：

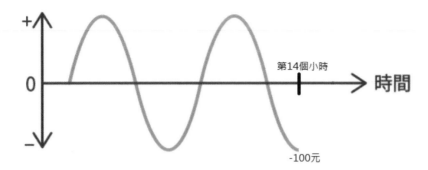

第 15 個小時之後，你賭贏了 50 元，所以你現在欠債 50 元：

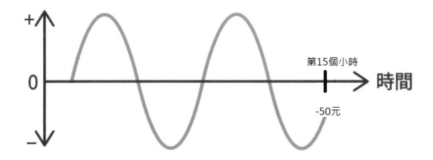

第 16 個小時之後，你又賭贏了 50 元，所以你現在欠債 0 元（下圖引用自半導體製造商 ROHM 的網站）：

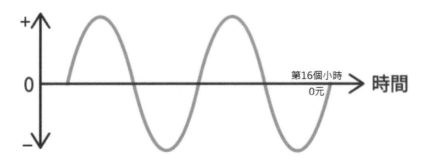

第 17、18、19、20.. 小時的情況以此類推，像這種情況就是時間與金錢會不斷地發生變化，而我們的交流電就是屬於這種不斷地往復變化的一種電流。

而我們在前面所說過的二極體可以讓電流只朝同一個方向來流動（稱為整流作用），也就是二極體具有把交流電給轉換成直流電的功用。

本文參考與圖片引用出處

https://www.rohm.com.tw/electronics-basics/dc-dc-converters/dcdc_what2

Chapter

05

邏輯閘的簡單概說

前言

在前面，我們曾經簡單地用 0 與 1 來介紹了邏輯運算（也就是數位邏輯的基本概念），當時候我們對於這個主題的介紹僅止於個簡單性的基本概念而已，但卻沒有說這個基本概念要如何地實現出來，而本章，我們就是要來探討這個問題，但在此之前讓我們先來看個故事。

在百貨公司的遊戲場裡頭有一款很特別的遊戲，叫做顏色大設計，顏色大設計的玩法很簡單，只要你設定好了你想要的顏色之後，接著經過一個機器，這個機器就會幫你把你要的顏色給調配出來，例如像這樣：

當你輸入第 1 種顏色與第 2 種顏色之後，機器 A 就會根據你所輸入的顏色來把顏色給調配出來，接著輸出最後的顏色，例如說：

輸入顏色		輸出顏色
輸入第 1 種顏色 - 黑色	機器 A	輸出最後的顏色 - 灰色
輸入第 2 種顏色 - 白色		

而上面的過程與結果，各位可以想成是一種運算，也許你不同意我的說法，不過沒關係，上面我說的內容只是一種比喻而已，也就是說我們先這樣想事情就好，不要把事情給想得太難。

回到我們的電腦，一般來說，在數位邏輯當中，以 5 伏特代表 1，而以 0 伏特代表 0，當然啦！這個數字並不是非常地絕對，在有的情況之下，2~5 伏特代表 1，而 0~2 伏特則代表 0，至於原因為何，這個我們先不要去深究，只要知道這樣就好。

重點是，當輸入 0 或 1，並經過一個「裝置」之後，便會產生出個結果，這情況就跟上面所講的當輸入某些顏色之後，最後會輸出某種顏色的意思一樣。

接下來，我們要來講講本章的主題 - 邏輯閘，邏輯閘是由電晶體所組成的基本元件，換句話說，邏輯閘是放在積體電路裡頭，而邏輯閘透過輸入 0 或 1 等相關訊號，而產生相對應的輸出，並藉此來執行相關運算。

有了上述的約定與簡介之後，接下來我們就要來探討本章的主題 - 邏輯閘。

本文參考與圖片引用出處

https://zh.wikipedia.org/zh-tw/%E9%82%8F%E8%BC%AF%E9%96%98

5-1　及閘

及閘（AND Gate）又被稱為「與」門或「且」閘，它的樣子長這樣（以下引用自維基百科）：

至於及閘的運算方式，各位還記得下表吧：

A	B	A ∧ B
0	0	0
0	1	0
1	0	0
1	1	1

與上表雷同，及閘的運算方式如下表所示（口訣：有 0 則 0）：

A	B	A · B
0	0	0
0	1	0
1	0	0
1	1	1

及閘的最大特徵就是，當所有的輸入為高位之時，就會輸出高位。

最後，如果 A 和 B 是輸入端的話，則輸出端是 A · B：

以上就是對於及閘的簡介。

本文參考與圖片引用出處

https://zh.wikipedia.org/zh-tw/%E9%82%8F%E8%BC%AF%E9%96%98

5-2　或閘

或閘（OR Gate）又被稱為「或」門，它的樣子長這樣（以下引用自維基百科）：

至於或閘的運算方式，各位還記得下表吧：

A	B	A ∨ B
0	0	0
0	1	1
1	0	1
1	1	1

與上表雷同，或閘的運算方式如下表所示（口訣：有 1 則 1）：

A	B	A + B
0	0	0
0	1	1
1	0	1
1	1	1

或閘的最大特徵就是，當所有的輸入為低位之時，就會輸出低位。

最後，如果 A 和 B 是輸入端的話，則輸出端是 A + B：

以上就是對於或閘的簡介。

本文參考與圖片引用出處

https://zh.wikipedia.org/zh-tw/%E9%82%8F%E8%BC%AF%E9%96%98

5-3 反閘

反閘（NOT Gate）又被稱為「非」門／反相器／變流器，它的樣子長這樣
（以下引用自維基百科）：

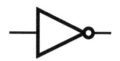

至於反閘的運算方式，各位還記得下表吧：

A	¬A
0	1
1	0

與上表雷同，反閘的運算方式如下表所示（口訣：有1則0，有0則1）：

A	$\overline{A}$
0	1
1	0

反閘的最大特徵就是，所有的輸入的狀態均會發生逆轉。

最後，如果 A 是輸入端的話，則輸出端是 $\overline{A}$：

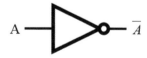

以上就是對於反閘的簡介。

本文參考與圖片引用出處

https://zh.wikipedia.org/zh-tw/%E9%82%8F%E8%BC%AF%E9%96%98

5-4 反及閘

反及閘（NAND Gate）又被稱為「與非」門／「非與」閘／「反且」閘，它的樣子長這樣（以下引用自維基百科）：

至於反及閘的運算方式，如下表所示：

A	B	結果
0	0	1
0	1	1
1	0	1
1	1	0

反及閘的最大特徵就是，當所有的輸入為高位之時，就會輸出低位。

最後，對於反及閘來説，如果 A 和 B 是輸入端的話，則輸出端就是：

以上就是對於反及閘的簡介。

本文參考與圖片引用出處

https://zh.wikipedia.org/zh-tw/%E9%82%8F%E8%BC%AF%E9%96%98

5-5 反或閘

反或閘（NOR Gate）又被稱為「或非」門／「非或」閘，它的樣子長這樣（以下引用自維基百科）：

至於反或閘的運算方式，如下表所示：

A	B	結果
0	0	1
0	1	0
1	0	0
1	1	0

反或閘的最大特徵就是，當所有的輸入為低位之時，就會輸出高位。

最後，對於反或閘來說，如果 A 和 B 是輸入端的話，則輸出端就是：

以上就是對於反或閘的簡介。

本文參考與圖片引用出處

https://zh.wikipedia.org/zh-tw/%E9%82%8F%E8%BC%AF%E9%96%98

5-6 互斥或閘

互斥或閘（XOR Gate）又被稱為「互斥或」門，它的樣子長這樣（以下引用自維基百科）：

至於互斥或閘的運算方式，如下表所示：

A	B	結果
0	0	0
0	1	1
1	0	1
1	1	0

互斥或閘的最大特徵就是，當其中一個輸入為高位之時，就會輸出高位。

最後，對於互斥或閘來說，如果 A 和 B 是輸入端的話，則輸出端就是：

以上就是對於互斥或閘的簡介。

本文參考與圖片引用出處

https://zh.wikipedia.org/zh-tw/%E9%82%8F%E8%BC%AF%E9%96%98

5-7 多輸入的設計

在前面，我們講過的閘不是只有一個，就是兩個輸入，那現在問題來了，可不可以把閘給設計成多輸入的閘？答案是可以的，以帶有三個輸入的及閘 為例，讓我們來看看下圖（以下引用自維基百科，並由作者修改）：

具有三個輸入訊號的及閘，其運算方式跟只有兩個輸入訊號的及閘完全一樣，讓我們來看張表：

A	B	C	D
0	0	0	0
0	1	0	0
0	0	1	0
0	1	1	0
1	0	0	0
1	1	0	0
1	0	1	0
1	1	1	1

對於三個及閘來說，其輸入的結果有 $2^3 = 8$ 種，換句話說，如果你設計的輸入越多，則輸出的數量也會越多，

最後跟各位說明，輸入與輸出的關係，可以用 2^n 來算，其中 n 為正整數。

本文參考與圖片引用出處：維基百科。

5-8 簡單的組合邏輯電路設計

講完了前面的知識點之後,現在,我們要把前面所學過的東西給做一個活用,例如說把某幾個閘給連結起來,然後觀察最後的輸出結果,例如下面的兩個及閘與一個或閘的組合(以下引用自維基百科,並由作者修改):

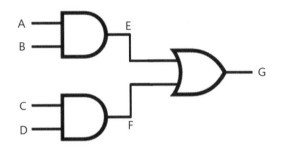

接下來,讓我們來看看,輸入訊號 A、B、C 與 D 等是如何地決定最後的結果 G。

已知:

A	B	C	D	E	F	G
0	0	0	0			

則 E、F 與 G 的情況會是什麼?

讓我們一步一步地來看:

Step 1 先填上每個訊號:

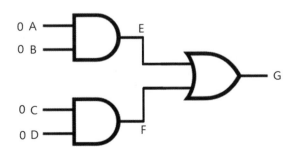

$\boxed{Step\ 2}$ 處理其中一組訊號，例如 A 與 B（及閘）：

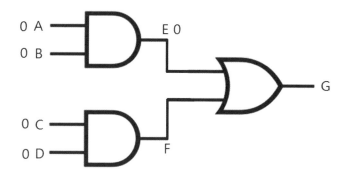

因此，我們得出 E=0：

A	B	C	D	E	F	G
0	0	0	0	0		

$\boxed{Step\ 3}$ 再處理其中一組訊號，例如 C 與 D（及閘）：

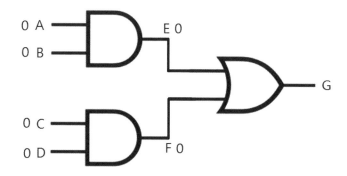

因此，我們得出 F=0：

A	B	C	D	E	F	G
0	0	0	0	0	0	

Step 4　把 E 和 F 給當成或閘的輸入：

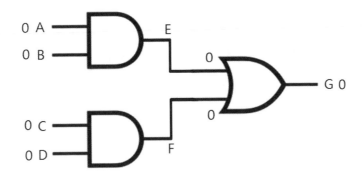

因此，我們得出 G=0：

A	B	C	D	E	F	G
0	0	0	0	0	0	0

以上就是簡單的組合邏輯電路設計的一個例子，現在再讓我們來看看另外一個：

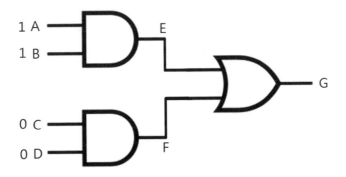

A	B	C	D	E	F	G
1	1	0	0			

還是一樣，先把 E 給求出來：

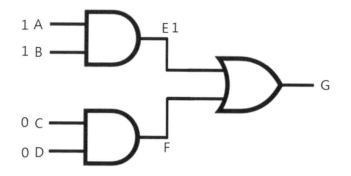

A	B	C	D	E	F	G
1	1	0	0	1		

接下來是 F：

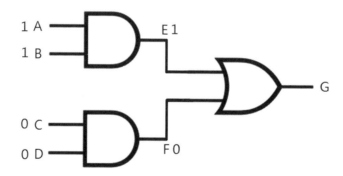

A	B	C	D	E	F	G
1	1	0	0	1	0	

最後則是 G：

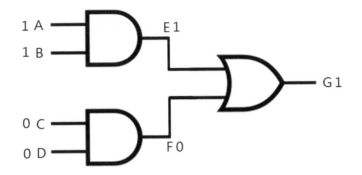

A	B	C	D	E	F	G
1	1	0	0	1	0	1

以上就是簡單的組合邏輯電路設計。

本文參考與圖片引用出處：維基百科。

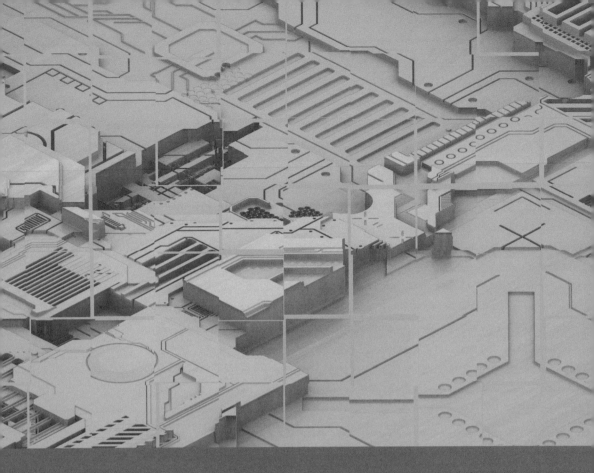

Chapter

06

電腦硬體的基本入門

前言

2016 年，臺灣社會發生了第一銀行被駭客滲透，導致 ATM 大量吐鈔的犯罪事件，讓我們來看則報導。

報導名稱：一銀 34 台 ATM 驚爆遭駭 被盜領 7000 萬
發布時間：2016/07/12 07:06
發表報社：自由時報
撰文記者：盧冠誠／台北報導

▲ 國內爆發首宗 ATM 遭駭事件，還是發生在颱風來襲的週末。第一銀行今天凌晨表示，旗下 20 家分行共 34 台 ATM 發生異常，共計遭盜領金額約 7000 餘萬元。（一銀提供）

〔記者盧冠誠／台北報導〕國內爆發首宗 ATM 遭駭事件，還是發生在颱風來襲後的週末假日。第一銀行今天凌晨表示，旗下 20 家分行共 34 台 ATM 發生異常，共計遭盜領金額約 7000 餘萬元。

▲ 圖為第一銀行南京東路分行，設置在銀行邊的無人管理式自動提款機櫃檯。（資料照，記者劉慶侯攝）

疑植入惡意程式讓 ATM 吐鈔

一銀表示，部分分行 ATM 提款機遭異常盜領，目前已緊急報警處理，並向調查局備案，經全面清查銀行 ATM，初步瞭解可能遭植入惡意程式驅動吐鈔模組執行吐鈔，因皆屬德利多富（Wincor）公司的同一款機型，目前該款機型已全面暫停服務。

交易集中 7/9、7/10 作案過程 5 至 10 分鐘

一銀指出，本案因其中一家分行在連假上班後，發現 ATM 鈔箱異常，經調閱 ATM 監視影像，發現疑似 2 名不明人士帶帽子和口罩，在完全無操作 ATM 的情形下，直接讓 ATM 吐鈔後大量提領，並立即將現金裝入背包離開，作案過程約 5 至 10 分鐘，交易皆集中在 7 月 9 日和 7 月 10 日，故展開全面清查。

有無管理疏失 金管會將調查

金管會銀行局副局長呂蕙容表示，在一銀通報異常後，已指示其全面清查損失，同時了解是否係因無卡提款程式遭人破解所致，金管會也會調查了解一銀有無管理上的疏失。至於所有金額損失，將責由一銀承擔，雖然詳情仍在調查中，但不會影響客戶權益，金管會也會再做後續處置。

一銀：不影響任何客戶存款、權益

外界關切客戶權益是否受到影響，一銀指出，由於遭盜領的 ATM 皆非透過本行帳務系統取款，因此並不影響任何客戶存款，客戶權益完全受到保障，且本案因與帳務及帳戶無涉，故與「無卡提款」完全無關。

- -

看完了這則新聞之後，現在讓我們回到我們的電腦。

ATM 是英文 Automated Teller Machine 的簡寫，其中文名稱為自動櫃員機、自動提款機或自動金融機等等，但不管如何，全都簡稱為提款機，其外觀如下所示：

ATM 的優點就在於，使用者只要事先在銀行把錢給存好之後，就可以到 ATM 去，接著把提款卡給放進 AMT 裡頭去，然後「輸入」密碼，等全部驗證完畢之後，ATM 就會「輸出」貨幣（這貨幣主要是鈔票），這樣一來使用者就可以把錢給取出來，不需要再親自跑一趟銀行領錢，請各位注意前面有兩個非常重要的關鍵字：

1. 輸入
2. 輸出

而 ATM 的輸入與輸出，除了需要軟體之外，再來就是我們所要討論的主角，也就是所謂的硬體。

本文參考與圖片引用出處

https://zh.wikipedia.org/wiki/%E8%87%AA%E5%8B%95%E6%AB%83%E5%93%A1%E6%A9%9F

https://ec.ltn.com.tw/article/breakingnews/1759550

6-1　二進位的硬體操作

在前面，我們曾經講過二進位的基本概念，而現在，我們要來討論的是，二進位在硬體當中是如何呈現出來的？還是一樣，讓我們不要把事情給想得太難。

讓我們回到我們在講編碼時所用到的表：

中文字	二進位數字
顆	1101
蘋	0010
果	1001
相	0011
加	0101
起	1100
來	0111
放	1110
到	0100
號	1111

現在，我要請各位來想一件事情，如果今天你手邊沒有電腦，但你想要把：

一顆蘋果兩顆蘋果相加起來放到 17 號

這一句話，傳送給住在你房間對面的小美，那你該怎麼做呢？要達到這目的其實方法有很多，不過在此我們只討論下面這一種。

在一個月黑風高的晚上，如果你要把上面那句話傳送給小美，那你可以拿個手電筒，並且事先跟小美約定好在晚上九點時開始傳送訊號，手電筒亮的時候是 1，暗的時候是 0，且每次閃爍的時間間格為 1 秒鐘，晚上九點一到，你就開始傳送訊號，這樣一來，你就可以把上面那句話傳送給小美，不過要

做到這事情之前，你得先把上面的那句話配合表來轉換，並且小美也要知道
這張表：

中文字	二進位數字	手電筒狀態
一	0001	暗暗暗亮
顆	1101	亮亮暗亮
蘋	0010	暗暗亮暗
果	1001	亮暗暗亮
兩	0010	暗暗亮暗
顆	1101	亮亮暗亮
蘋	0010	暗暗亮暗
果	1001	亮暗暗亮
相	0011	暗暗亮亮
加	0101	暗亮暗亮
起	1100	亮亮暗暗
來	0111	暗亮亮亮
放	1110	亮亮亮暗
到	0100	暗亮暗暗
1	0001	暗暗暗亮
7	0111	暗亮亮亮
號	1111	亮亮亮亮

上面只是我自己所設計出來的一種方法而已，當然你也可以用別的方法來處
理，例如說晚上九點一到，接著小美站在她房間的窗戶前，然後你對著你房
間的電燈開關來進行操作，一樣也可以把訊息傳送給小美。

又或者是你覺得用暗與亮實在是很難操作的話，那你就用紅光與藍光來分別
表示 0 與 1 那也可以，我覺得人的思想是活的，不一定只能用一種方法，
能夠設計出自己的方法這是最棒的！還記本書的宗旨吧？我們不走填鴨式教
育，所以你也可以想想看，如果設計方法的人是你，你有沒有別的方法可以
把訊號傳送給小美？

暗與亮是用手電筒的關與開來表示，而這之間則是用手電筒的開關來進行操作，你說對嗎？沒錯，在電腦裡頭要表示這種關與開，又或者是 0 與 1 的話，我們用的就是前面所說過的電晶體，各位還記得電晶體吧？那是個開關裝置。

所以為什麼半導體這麼重要，因為整個電腦的運行靠的全就是它。

最後，ASCII 編碼的 0 與 1 也是一樣的道理，例如說字母 S：

二進位編碼	開關情況
0101 0011	斷電通電斷電通電 斷電斷電通電通電

後續以此類推，在此不再說明。

6-2 同位位元

同位位元（Parity Bit）又稱為核對位元（Check Bit）是一種針對傳輸時，是否會發生錯誤而進行的檢測方式，目前這種檢測方式有奇數校驗與偶數校驗這兩種，讓我們分別來看個範例：

奇數校驗

範例一：

例如以 0011 來說好了，0011 總共有兩個 1，所以是偶數，但由於要讓它成為奇數個 1，因此我們會補上一個位元的 1 而成為 00111。

範例二：

例如以 0001 來說好了，0001 總共只有一個 1，所以是奇數，因此我們會補上一個位元的 0 而成為 00010。

偶數校驗

範例一：

例如以 0011 來說好了，0011 總共有兩個 1，所以是偶數，因此我們會補上一個位元的 0 而成為 00110。

範例二：

例如以 0001 來說好了，0001 總共只有一個 1，所以是奇數，但由於要讓它成為偶數個 1，因此我們會補上一個位元的 1 而成為 00011。

第五個位元之所以會出現，最主要的目的就在於檢查，也就是補上一個位元來判斷整個傳送的過程當中有沒有出現錯誤（補上的這個位元發生錯誤，也算是錯誤）。

不過要告訴各位的是，同位位元這種校驗方式，只適合 1 個位元出錯時適用（包含校驗碼也算），如果有 2 個位元也同時出錯的話，那同位位元這種方法就不適用。

6-3 機械語言概說

在講機械語言之前，還是讓我們先回到下面這句話：

一顆蘋果兩顆蘋果相加起來放到 17 號

我們曾經說過，上面那句話就是個用程式語言所寫出來的程式，而那個程式的表達，用的是我們大家所熟悉的繁體中文，但是你知道嗎？在計算機剛被發明出來之時，並沒有那種繁體中文式的程式語言，用的全是 0 與 1。

或許這樣講你可能體會不出來，如果今天程式又多又長，長得像這樣：

0010000010010011110111100000111100010101011100001000110001111000…

如果中間出現一個錯誤，請問你知道這程式要怎麼改嗎？所以你就知道，用機械語言來寫程式是多麼命苦的一件事情，那簡直就是以淚洗面，而像這種只有 0 與 1 的程式語言我們就稱為機械語言或機器語言。

不過在此要告訴各位的是，由於每種電腦在設計上都不同，所以你寫的機械語言只能在 A 電腦上執行，卻不一定能夠在 B 電腦上執行，這就是機械語言的狹隘性。

6-4　硬體的回顧

在前面，我們對硬體已經稍微有簡介過了，那時候我以一台個人電腦為例，並說明了個人電腦至少有哪些硬體設備，讓我們來回顧一下（以下引用自維基百科）：

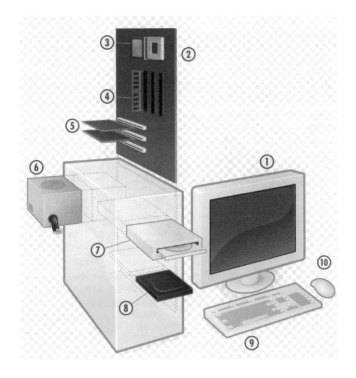

在上圖中，編號的硬體為：①顯示器、②主機板、③中央處理器（也就是前面說過的 CPU）、④隨機存取記憶體（也就是前面所說過的倉庫）、⑤擴充卡、⑥電源供應器、⑦光碟機、⑧硬碟與固態硬碟、⑨鍵盤、⑩滑鼠

那時候我還說，我們對於個人電腦的硬體設備先大概知道這樣就好，暫時不要去深究，以後有機會，我們再來討論，而現在就是機會到了，因此，我們要開始來討論硬體以及硬體的基本原理。

本文參考與圖片引用出處

https://zh.wikipedia.org/wiki/%E7%A1%AC%E4%BB%B6

6-5 機殼簡介

在前面，我們曾經介紹過主機板（以下引用自維基百科）：

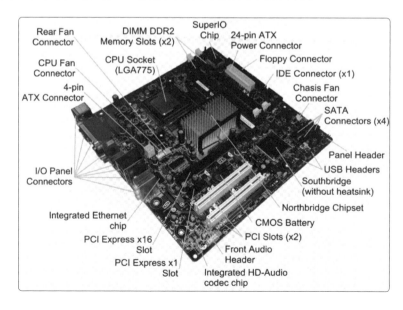

但各位發現到了沒有，在你的日常生活中雖然你也在用電腦，但你卻看不到
上圖中的主機板，其最大的原因就在於，主機板是被放置在機殼當中（以下
引用自維基百科）：

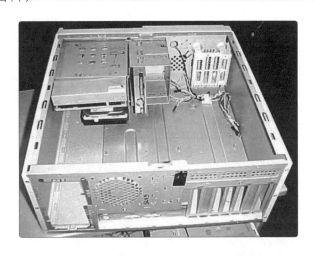

機殼內部放置著主機板，當然，機殼在設計上也會有空間來放置硬碟與電源
等相關硬體設備，但不會放置鍵盤或滑鼠等設備，所以當你打開電腦的機殼
時，你通常看到機殼的內部情況就是如下圖這樣（以下引用自維基百科）：

其中，在同一平面上有許多互相平行的導線所構成的設備，而這種設備我們就稱為帶狀電纜（Ribbon Cable，下圖中由箭頭所指向的地方）：

帶狀電纜的用途就是把像硬碟這種設備來跟主機板做連結，如此一來，機殼的設計就比較富有彈性。

本文參考與圖片引用出處

https://zh.wikipedia.org/zh-tw/%E4%B8%BB%E6%9D%BF

https://zh.wikipedia.org/wiki/%E6%9C%BA%E7%AE%B1

6-6 電源供應器

當各位把電腦機殼給拆開之後，一定會看到電源供應器（Power Supply Unit，PSU），電源供應器主要的功能為將標準交流電轉換成穩定且低壓的直流電，接著直流電便會提供給我們的電腦來使用（以下引用自維基百科）：

注意的是，電源供應器上還有個開關：

如果你關掉這個開關，這時候電腦是無法開機。

一般來説，因為電能可以產生許多熱量，所以電腦的內部通常會加裝風扇等散熱裝置，另外，電壓穩定也是很重要的一環，突如其來的高電壓交流電可能會把電腦裡頭的低壓直流電路給燒壞，所以做好保護是有必要的，例如使用突波保護器（以下引用自 PChome）：

穩壓器（以下引用自 yahoo ！購物中心）：

以及 UPS 不斷電系統（以下引用自維基百科）：

等都是不錯的選擇。

本文參考與圖片引用出處

https://zh.wikipedia.org/wiki/%E9%9B%BB%E6%BA%90%E4%BE%9B%E6%87%89%E5%99%A8

https://24h.pchome.com.tw/prod/QAAJ1K-A9008DKUF?gclid=Cj0KCQjwvLOT
BhCJARIsACVldV0r2OUOJQGU5iV4K5MDLFDwT9EviEQ8qUio0wSxUqbm9
Iqo6GvC5skaAo5JEALw_wcB

https://tw.buy.yahoo.com/gdsale/%E6%84%9B%E8%BF%AA%E6%AD%90A
VR-%E5%85%A8%E6%96%B9%E4%BD%8D%E9%9B%BB%E5%AD%90%E
5%BC%8F%E7%A9%A9%E5%A3%93%E5%99%A8-PSCU-100-7673769.html

https://zh.wikipedia.org/wiki/%E4%B8%8D%E9%97%B4%E6%96%AD%E7%9
4%B5%E6%BA%90

6-7 主機板上的插座與插槽設計

在前面，我們曾經講過了主機板（以下引用自維基百科）：

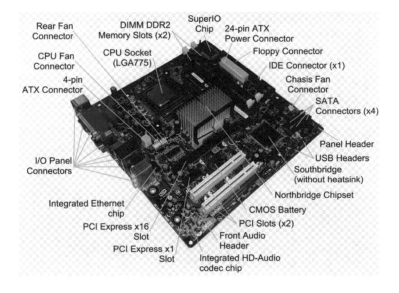

主機板其實就是一種電路板，這種電路板上可是放滿了許多電子元件，當然還有一些裝置，例如說插座或插槽（下圖中所框起來的部分為插槽）：

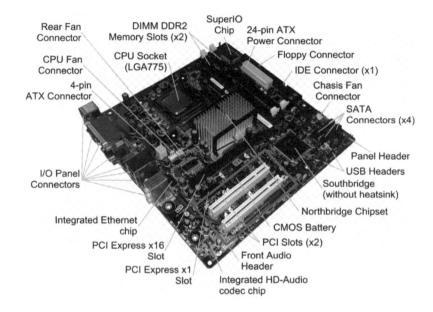

這插槽可以插上我們前面所講過的記憶體（以下引用自維基百科）：

至於插座的範例，各位可以看看下圖：

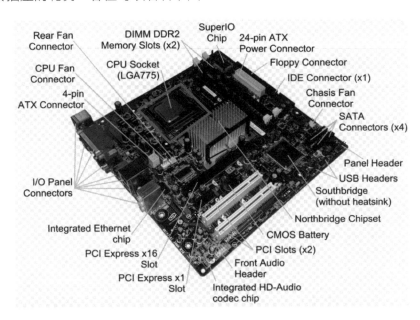

上圖中所框起來的部分是 CPU 插座，主要是讓你插上 CPU 用的。

也許各位會問，為什麼電路板在設計之時，要特地設計插座與插槽，直接把記憶體與 CPU 等給一起布局在主機板上，一次搞定不是很好？何必要另外買？

這原因有很多，其中幾個主要因素就是 CPU 與記憶體在設計與製造上非常複雜，很難只交給主機板廠商來單獨設計與製造，另外就是，如果各位對自己的 CPU 或記憶體感到不滿意的話，那可以買新的 CPU 或記憶體，至於舊的 CPU 或記憶體就可以從插座或插槽上取出，接著把新的 CPU 或記憶體給插進去替換，這樣一來，就可以滿足各位的需求，這種情況在自己組裝電腦上非常常見。

例如說你打算買一台新的筆電，筆電上的記憶體大小雖然廠商都已經事先來幫你配置好，例如說 16G，但你可以透過買一條新的記憶體，例如 32G，接

著把原本 16G 的記憶體給替換掉，這樣一來你新筆電的記憶體就從原來的 16G 變成了 32G，同樣道理 CPU 也是一樣。

本文參考與引用出處

https://zh.wikipedia.org/wiki/%E4%B8%BB%E6%9D%BF

https://zh.wikipedia.org/wiki/%E9%9B%BB%E8%85%A6%E8%A8%98%E6%86%B6%E9%AB%94

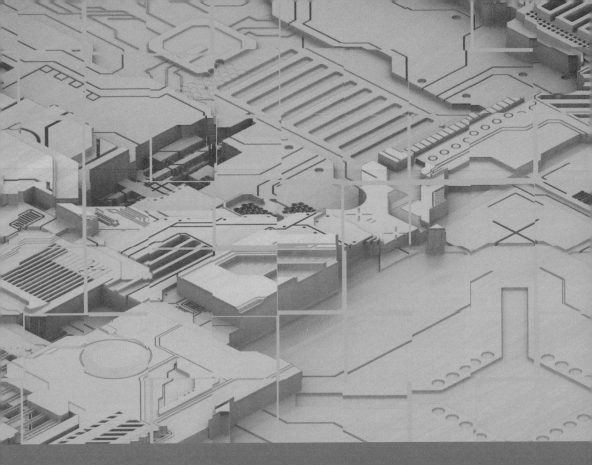

Chapter

07

硬體的輸入裝置

7-1 輸入功能的硬體設備 - 遊戲機台篇

在講本節的內容之前，我相信大家應該都有去過遊樂場，在遊樂場裡頭你一定都有看過某些大型電玩上會有這樣子的裝置（以下引用自維基百科）：

在上圖中，立起來並且可以控制主角的裝置我們就稱為搖桿（Joystick）：

至於剩下的部分：

在本書裡頭則是稱為按鍵或按鈕，按鍵或按鈕是一種可以用來控制機械或程式等的開關。

所以當你在遊樂場之時，你只要找到有上面裝置的遊戲機台，投下硬幣之後，你就可以開始玩。

而一般來説，搖桿通常控制的是主角的移動方向，至於按鈕的部分，則是會讓主角來執行某些功能，例如以飛行遊戲來説，當你把搖桿給「往上」移動之時，此時飛行器便會向上移動，當你「按下」按鈕之時，此時飛行器便會射出子彈。

換句話説，不管是搖桿也好，按鈕也罷，全都在講一件事情，那就是你對遊戲「輸入」指令，以上面的例子來説，你輸入的就是「往上」與「按下」這兩個指令。

但話雖如此，我相信各位所玩過的機台應該不只是一根搖桿再搭配上幾顆按鈕而已，有的遊戲並不適合這樣子的裝置，例如説機車型的賽車遊戲就是一個非常好的例子（以下引用自維基百科）：

在上圖中：

框起來的部分就是輸入設備，你看，那是不是長得跟真實的機車操縱部分很像（以下引用自維基百科）：

遊戲開發商之所以會這樣設計，就是要讓玩家產生一種臨場感，讓玩家在玩遊戲之時，彷彿真的騎上了機車一樣，而類似的裝置還有汽車型的賽車遊戲

（以下引用自維基百科）：

以及射擊遊戲（以下引用自維基百科）：

等全都是輸入裝置的例子。

本文參考與圖片引用出處

https://zh.wikipedia.org/wiki/%E8%A1%97%E6%9C%BA

https://zh.wikipedia.org/zh-tw/%E6%91%A9%E6%89%98%E8%BB%8A

https://zh.wikipedia.org/wiki/%E5%B0%84%E5%87%BB%E6%B8%B8%E6%88%8F

7-2 輸入功能的硬體設備 - 滑鼠

上一節，我們講了遊戲的輸入裝置，而在這一節，我們要來講講幾個個人電腦上的輸入裝置，其中滑鼠就是一個非常典型的例子（以下引用自維基百科）：

滑鼠（Computer Mouse）是一種可以對電腦螢幕上的游標來進行定位操作，並且上面還附有按鍵與滾輪的一種輸入裝置，最早於 1968 年之時被發明出來。

早期的滑鼠跟現在的滑鼠不太一樣，早期的滑鼠長這樣（以下引用自網站 - 中文百科全書）：

滑鼠底下有顆小球與轉軸（框起來的部分為轉軸）：

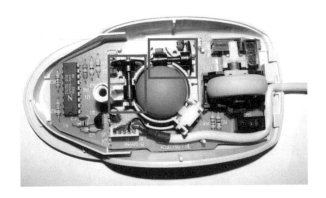

注意這轉軸是互相垂直的 X 軸與 Y 軸，也就是對 X 方向與 Y 方向的探測。

而轉軸的末端有個輪盤：

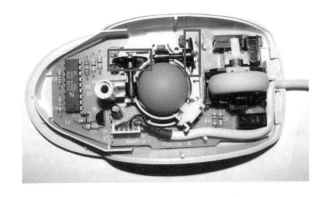

當你移動滑鼠之時，小球會帶動 XY 軸的轉動，這時候 XY 軸的轉動資訊會通過輪盤與一連串的操作之後傳送到滑鼠內的晶片，接著晶片解讀資訊，並把資訊給轉換成二進位的 XY 座標之後傳給電腦，而這座標就是滑鼠游標（以下引用自網站 -ETtoday 新聞雲 > 鍵盤大檸檬）：

的當下位置，這也是為什麼你能夠自由自在地操控滑鼠的主要原因了。

但我們現在所使用的滑鼠，都已經不是這種帶有小球的滑鼠，而是光學滑鼠：

光學滑鼠沒有滾輪也沒有轉軸，而是使用了發光二極體和光電二極體來做設計，至於什麼是發光二極體和光電二極體，這個各位暫時先不用管，知道有這件事情就可以了。

本文參考與圖片引用出處

https://zh.wikipedia.org/wiki/%E9%BC%A0%E6%A0%87

https://www.google.com/imgres?imgurl=https%3A%2F%2Fwww.newton.com.tw%2Fimg%2F4%2F2c2%2FcGcq5SYmVWO5QGZ3M2YzEGZkNjMxYmYykTZiFWOwYzNmVmYjRWYxMDNmRGMv0WZ0l2LjlGcvU2apFmYv02bj5SdklWYi5yYyN3Ztl2LvoDc0RHa.jpg&imgrefurl=https%3A%2F%2Fwww.newton.com.tw%2Fwiki%2F%25E6%25A9%259F%25E6%25A2%25B0%25E6%25BB%2591%25E9%25BC%25A0&tbnid=6oPLTYrUq3QBbM&vet=12ahUKEwj68pbbi8X3AhVbRvUHHVt6BnMQMygJegUIARDKAg..i&docid=tLgXeRmqAvG5mM&w=600&h=450&q=%E6%A9%9F%E6%A2%B0%E6%BB%91%E9%BC%A0&ved=2ahUKEwj68pbbi8X3AhVbRvUHHVt6BnMQMygJegUIARDKAg

https://www.ettoday.net/dalemon/post/2347

https://pansci.asia/archives/81549

https://zh.wikipedia.org/zh-tw/%E5%85%89%E7%94%B5%E9%BC%A0%E6%A0%87

7-3 緩衝區的簡介

在講緩衝區之前，讓我們先來看一段小故事。

假設現在有兩個國家正在發生戰爭，雙方持續好一陣子之後，各有俘虜到對方的士兵，而這些士兵也就是俗稱的戰俘，有一天，這兩個國家約好打算交換雙方的戰俘，至於地點，就選在兩國交界的一個小地方：

站在 B 國這邊的是 A 國俘虜，而站在 A 國這邊的是 B 國俘虜，雙方約定好時間一到之後，雙方俘虜便站在小地方的兩邊：

最後 A 國俘虜往 A 國的方向衝過去，而 B 國俘虜則是往 B 國的方向衝過去，而這小地方，就是暫時讓這些俘虜待著的臨時地點。

在了解上面的概念之後，現在就讓我們回到我們的電腦。

在我們的電腦裡頭也有著類似上面可以臨時存放戰俘的小地方，當然我們不稱它為小地方，而是稱為緩衝區，而所謂的緩衝區就是暫時放置輸入或輸出資料的記憶體，例如說有一段資料從硬碟當中被放到緩衝區裡頭去，接著這些資料會在適當的時機被傳送到電腦的其他地方：

上圖中，裝置 1 可以是 CPU。

7-4 輸入功能的硬體設備 - 鍵盤

鍵盤也是一種輸入裝置（以下引用自維基百科）：

鍵盤是一種可以把你在鍵盤上所按下的任何按鍵，給轉換成計算機處理器可以讀取的電子信號，而這整個過程，鍵盤使用的是獨立的處理器以及放在鍵盤下方的電路來執行，也就是說，當你按下鍵盤上的任何一個（當然也可以包含一組按鍵，例如 Ctrl+Alt+Del）按鍵之時，電路上的電流就會被截斷，接著處理器會判斷哪部分的電流發生了截斷，接著把斷電位置與鍵盤 ROM 上由 x 與 y 座標等構成的字形地圖來進行比對，接著字形存在鍵盤緩衝區當中，最後透過鍵盤上的連接線（當然無線也可以）將資料傳送給計算機。

而計算機之內會有一個由積體電路所組成的鍵盤控制器，這鍵盤控制器會處理從鍵盤來的所有資訊，接著這些資訊會傳給作業系統，然後作業系統會檢

查由使用者所按下的鍵盤內容是屬於特定資訊還是一般資訊，以上面的情況來說，如果使用者輸入的是組合鍵 Ctrl+Alt+Del 的話，那這時候 Windows 作業系統便會解讀為重新啟動計算機的指令（以下引用自 Windows 作業系統）：

但如果你是在 Windows 的 Office Word 上按下 Ctrl+f 的話，這時便會出現搜尋的結果（以下引用自 Office - Word）：

以上，就是鍵盤的基本原理。

本文參考與圖片引用出處

https://zh.wikipedia.org/zh-tw/%E7%94%B5%E8%84%91%E9%94%AE%E7%9B%98

7-5 軌跡球的簡介

上一節，我們講了滑鼠，而這一節我們要來講的是跟滑鼠有點類似的軌跡球（以下引用自維基百科）：

帶小球的滑鼠跟軌跡球之間，就工作原理上來說都是一樣的，差別就在於，滑鼠是移動整個裝置，但軌跡球只是球在轉動而已，其他的部分則是不動。

軌跡球在設計上不一定只能用整隻手去操作，也有使用拇指來操作的軌跡球（以下引用自維基百科）：

也許你會問，既然都已經有了滑鼠，那為什麼還要有軌跡球？其實軌跡球的出現，最主要的設計之處就在於使用者不需要移動手臂，只要透過手指來操作即可，優點是可以減少因長期使用滑鼠，而對手造成傷害。

本文參考與圖片引用出處

https://zh.wikipedia.org/wiki/%E8%BD%A8%E8%BF%B9%E7%90%83

7-6 觸控板與觸控螢幕的簡介

觸控板（TouchPad 或 TrackPad）（以下引用自維基百科）：

也是一種輸入裝置，觸控板的優點就在於，它可以感應到使用者手指的移動，並藉此來控制游標，最常出現於筆電。

而跟觸控板非常接近的產品就是觸控螢幕（Touchscreen），當你用手指觸擊到螢幕上的圖形按鈕之時，螢幕上的觸覺回饋系統當下便會做出反應，這種技術在手機裡頭尤為常見，當然，還有提款機也是採用了觸控螢幕的技術。

本文參考與圖片引用出處

https://zh.wikipedia.org/zh-tw/%E8%A7%A6%E6%91%B8%E6%9D%BF

https://zh.wikipedia.org/zh-tw/%E8%A7%B8%E6%8E%A7%E5%BC%8F%E8%9E%A2%E5%B9%95

7-7 觸控筆的簡介

觸控筆（stylus 或是 stylus pen）也是一種輸入裝置，其外型就像是一隻筆（以下引用自維基百科）：

但無法真的拿來寫字，不過卻可以用來輸入相關指令給電腦，例如下圖中的人正在使用觸控筆來點下觸控螢幕上的文字，並藉此來選擇自己要的文字（以下引用自維基百科）：

其實不只是文字，也可以選擇檔案。

有一些觸控筆在設計上比較特殊，主要是提供了一些額外功能，像是電子橡皮擦或按鈕等，像這種筆，又被稱為數位筆。

而有的智慧型手機會附上觸控筆，像是三星 Galaxy Note II 就有附上（以下引用自 e-Price）：

本文參考與圖片引用出處

https://zh.m.wikipedia.org/zh-tw/%E8%A7%B8%E6%8E%A7%E7%AD%86

https://www.google.com/imgres?imgurl=https%3A%2F%2Fimg.eprice.com.
tw%2Fimg%2Fmobile%2F4610%2Fcontent%2F2317771406d00f5ebfeee02
aa7aa065e.jpg&imgrefurl=https%3A%2F%2Fm.eprice.com.tw%2Fmobile%
2Fintro%2Fc01-p4610-samsung-galaxy-note-2-16gb%2F&tbnid=1_
ui6DiXFcNZRM&vet=12ahUKEwjO-v7QpsX3AhUHhpQKHZn9BDUQ
MygJegUIARDDAQ..i&docid=dF02EVTokHWH0M&w=640&h=370&q
=%E4%B8%89%E6%98%9FGalaxy%20Note%20II&ved=2ahUKEwjO-
v7QpsX3AhUHhpQKHZn9BDUQMygJegUIARDDAQ

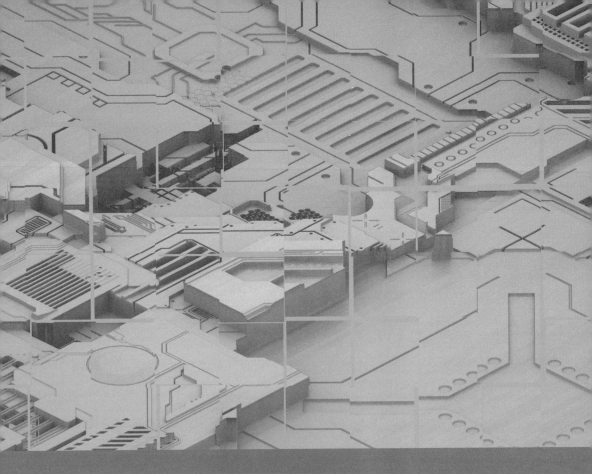

Chapter

08

硬體的輸出裝置

前言

其實，關於計算機的輸出裝置與設備大家都已經耳熟能詳了，所以本章就僅止於講個大概而已，有興趣的各位可以直接到電器商場去逛，那邊可是有最新第一手的流行資訊。

8-1　顯示器的簡介 |

顯示器（Display Device 也稱為 Monitor）是一種電腦輸出裝置，而最簡單也最常見的顯示器其實就是電腦螢幕，例如下圖當中的平面顯示器（以下引用自維基百科）：

早期由於技術上的限制，所以當時候的電腦螢幕設計採用的是陰極射線管（英語：Cathode Ray Tube，縮寫 CRT）技術（以下引用自維基百科）：

顯示器的分類只有平面顯示器與 CRT 這兩種。

後來由於技術的進步，所以現在的平面顯示器都已經做成液晶顯示器（Liquid-Crystal Display，簡稱為 LCD）或者是有機發光二極體（Organic Light-Emitting Diode，簡稱為 OLED），而有機發光二極體又被稱為有機電激發光顯示（英語：Organic Electroluminescence Display，簡稱為 OELD）

至於尺寸方面，有 7 吋（以下引用自 PChome）：

10 吋：

甚至示 12 吋、13 吋與 19 吋…都有。

近年來，由於量子物理的應用，於是便出現了量子點顯示器這種新興產品：

有沒有覺得量子點顯示器的畫質又比前面所介紹過的顯示器還要來得更棒？

最後，顯示器最主要的功用是顯示影像與色彩，但其實對於顯示器的定義，也可以稍微放寬，例如像下面這個七段顯示器也可以歸類為顯示器：

本文參考與圖片引用出處

https://zh.wikipedia.org/zh-tw/%E6%98%BE%E7%A4%BA%E5%99%A8

https://zh.wikipedia.org/zh-tw/%E9%98%B4%E6%9E%81%E5%B0%84%E7%BA%BF%E7%AE%A1

https://24h.pchome.com.tw/store/DMAAI3

https://zh.wikipedia.org/zh-tw/%E9%87%8F%E5%AD%90%E9%BB%9E%E9%A1%AF%E7%A4%BA%E5%99%A8

8-2 顯示器的簡介 II

上一節,我們已經講了顯示器的基本概要,而在這一節,我們要來介紹的是顯示器當中的一些基本道道,首先讓我們來看看,顯示器的尺寸大小是怎麼算的。

顯示器的尺寸大小有分兩種,一種是顯示器的螢幕尺寸,而另一種則是顯示器的可視螢幕尺寸,兩者之間的意義就在於,前者是整個顯示器的尺寸大小,而後者則是顯示器當中可以顯示螢幕的尺寸大小。

至於顯示器的尺寸大小則是以吋為單位,且計算方式是以對角線為主,圖示如下所示(以下引用自維基百科):

上圖所繪製的對角線是顯示器的螢幕尺寸。

至於顯示器的可視螢幕尺寸，圖示如下所示：

接下來我們要來看看幾個常見的專有名詞：

畫素（pixel）

畫素是顯示器上的最小單元，其形狀為正方形，且可顯示出不同的深淺顏色。

pixel 是由英文單字 picture + element = pixel 所構成，因此其本身帶有元素的意思在，讓我們來看張圖之後各位就知道了（以下引用自維基百科）：

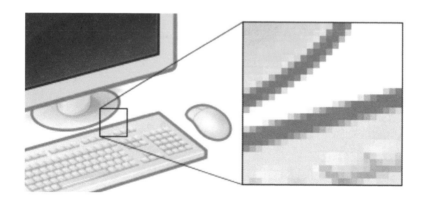

從上圖中各位可以看到，畫素有不同的顏色，所以你可以看到上圖是張彩色的圖案，另外就是，圖中所框起來的部分，直接用人眼來看的話，會覺得那是一條平滑曲線，可是對這條平滑曲線取樣本經放大之後，會發現到這條平滑曲線其實是由一個一個的小正方形也就是畫素所構成，由於不同的陰影混在一起，所以你會覺得這是一條光滑曲線。

三原色光模式（RGB Color Model）

主要是把紅（Red）、綠（Green）、藍（Blue）這三種顏色透過不同的比例（0~255）來調配之後，便可以產生出各種顏色出來，讓我們實際地來看個例子（以下引用自 Office-Word）：

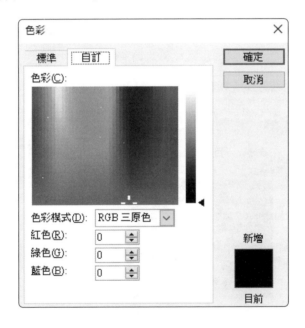

上圖中，藉由調整 RGB 等三種顏色的比例之後，就可以把色彩給調出來，例如 R（176）、G（115）以及 B（195）：

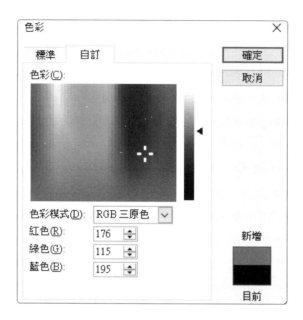

結果配出紫色，又或者是 R（26）、G（87）以及 B（51）：

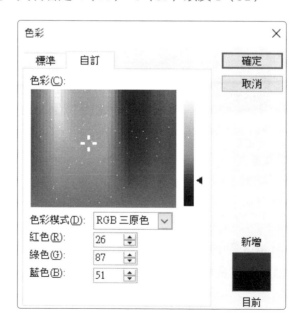

結果配出深綠色。

點陣圖（Bitmap）

點陣圖又被稱為位圖，是一種使用畫素陣列 (Pixel-Array/Dot-Matrix 點陣) 來顯現出來的圖像，讓我們看個例子之後就知道（以下引用自維基百科）：

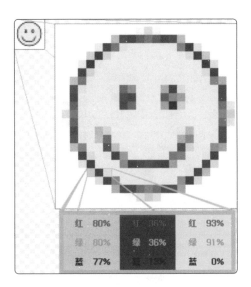

並且每個顏色都還有說明使用的 RGB 比例。

點距（dp）

就是畫素與畫素之間的距離，例如同樣字母 T：

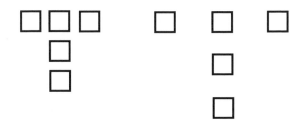

對左邊的 T 來說，畫素與畫素之間的點距 dp 比較小，而對右邊的 T 來說，畫素與畫素之間的點距 dp 比較大。

在計算機裡頭，如果是 0.35dp，那就表示畫素點中心相距 0.35mm。

解析度（Image Resolution）

每平方單位上的畫素越多，則細部的部分會表現得越好。

目前對於解析度的單位有：

1. dpi（點每英寸）
2. lpi（線每英寸）
3. ppi（每英寸畫素）

而計算機所使用的顯示器，用的單位則是 dpi，也就是每英寸列與行的點數，換言之，點數越高，則圖越清晰，情況如下所示（以下引用自 Windows 作業系統）：

解析度是可以調整的，目前 Windows 作業系統可供選擇的解析度有：

1280 × 1024	1920 × 1200	3840 × 2400
1280 × 960	1920 × 1080	3840 × 2160
1280 × 800	1920 × 937	2880 × 1800
1280 × 768	1680 × 1050	2560 × 1920
1280 × 720	1600 × 1200	2560 × 1600
1152 × 864	1440 × 900	2560 × 1440
1044 × 724	1400 × 1050	2048 × 1536
1024 × 768	1366 × 768	1920 × 1440
800 × 600	1280 × 1024	1920 × 1200

上面是水平畫素 x 垂直畫素。

以 1024 x 768 來說，那就是總共有 786432 個畫素。

色彩深度（Color Depth）

點陣圖當中，儲存每一個畫素的顏色所使用到的位元數，簡稱為色深，算法則是 2^n，表示有 2^n 種顏色，其中色彩深度是 n 位元。

最簡單的情況就是 1 位元，也就是只有黑白 2 種顏色，至於顯示照片的話，則是 24 位元也就是 16,777,216 種顏色。

這樣講太抽象了，讓我們來看個範例，首先是 4 位元 16 色（以下引用自維基百科）：

再來是 8 位元 256 色：

最後是 24 位元 16777216 色：

在上面的圖當中，當位元數越大之時，圖像顯示出來的結果也就越漂亮。

刷新率

在顯示器上的畫素，在每秒鐘之內重新顯示的次數就稱為刷新率，也就是說，圖像在一秒鐘之內所重繪的次數，一般來說，顯示器每秒鐘之內能夠重刷 56 到 120 次，越高則表示圖像看起來越好。

被動式矩陣與主動式矩陣

以電晶體的位置上來說，顯示器可以分成下列兩種：

1. 被動式矩陣：一個電晶體控制控制顯示器上一整列或一整行的畫素，簡稱為 PM。

2. 主動式矩陣：顯示器上的每個畫素全都由畫素本身的電晶體來控制，簡稱為 AM。

被動式矩陣與主動式矩陣之間的優缺點比較：

	優點	缺點	構造
被動式矩陣	耗電小、價格低且單色顯示效果好	彩色顯示效果差	沒有使用薄膜電晶體 (TFT)
主動式矩陣	螢幕清晰、明亮	耗電大、價格高且技術複雜	使用薄膜電晶體 (TFT)

本文參考與圖片引用出處

https://zh.wikipedia.org/zh-tw/%E5%83%8F%E7%B4%A0

https://zh.wikipedia.org/zh-tw/%E4%B8%89%E5%8E%9F%E8%89%B2%E5%85%89%E6%A8%A1%E5%BC%8F

https://zh.wikipedia.org/zh-tw/%E4%BD%8D%E5%9B%BE

https://zh.wikipedia.org/wiki/%E8%89%B2%E5%BD%A9%E6%B7%B1%E5%BA%A6

8-3 印表機簡介

印表機（Printer）是一種計算機的輸出設備（以下引用自維基百科）：

簡單來說，印表機就是將電腦內所儲存的資料，例如文字或圖案等給出輸到紙上，至於清晰度方面使用的單位是 dpi，也就是在一平方英寸的面積上，輸出點的列數與行數。

印表機依照設計的不同，目前市面上比較流行的就是雷射式印表機（以下引用自維基百科）：

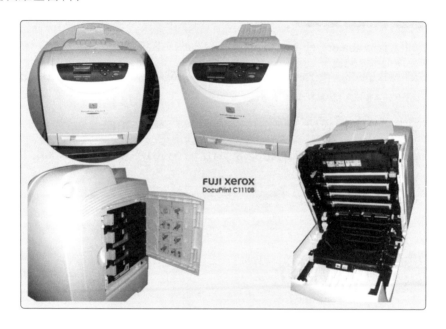

與噴墨式印表機（以下引用自維基百科）：

本文參考與圖片引用出處

https://zh.wikipedia.org/wiki/%E6%89%93%E5%8D%B0%E6%9C%BA

https://zh.wikipedia.org/wiki/%E6%BF%80%E5%85%89%E6%89%93%E5%8D%B0%E6%9C%BA

https://zh.wikipedia.org/wiki/%E5%99%B4%E5%A2%A8%E5%8D%B0%E8%A1%A8%E6%A9%9F

8-4　揚聲器

揚聲器（Loudspeaker）也是一種計算機的輸出設備（以下引用自維基百科）：

主要是把電子訊號給轉換成聲音。

本文參考與圖片引用出處

https://zh.wikipedia.org/wiki/%E6%8F%9A%E8%81%B2%E5%99%A8

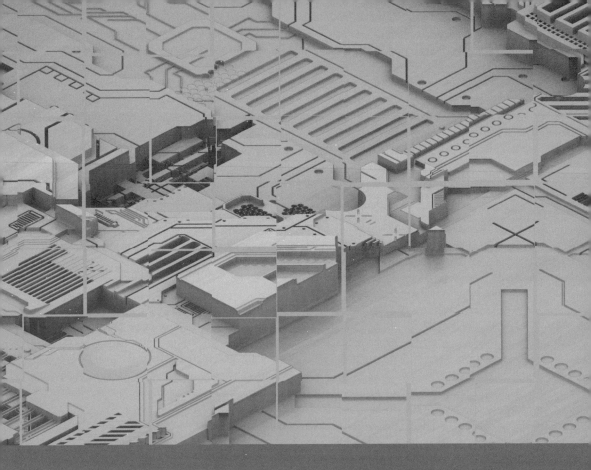

Chapter

09

程式語言概說

前言

在前面，我們曾經用過繁體中文這種程式語言來設計程式，但其實這只是我自己舉的一個例子而已，在真實的日常生活中，我們很少用繁體中文來寫程式，而是用英文來寫程式，不但如此，程式語言的種類繁多，多到簡直是玲瑯滿目，例如說適合處理硬體的組合語言、作業系統在用的 C 語言、一般軟體開發在用的 C++ 程式語言、Java 程式語言、由微軟所開發出來的 C#、甚至是現今最流行，也是最適合給小朋友們學習的 Python 等，這些全部都是程式語言。

但現在問題來了，你會說，這麼多的程式語言，我到底應該要學哪一種？以及這麼多的程式語言，是否有必要全部都學嗎？以上的這些問題，都有人來問過，但我認為，原則上你是不需要什麼程式語言都學，只要先把一種程式語言給學好就好，至於其他的程式語言你只要觸類旁通即可。

在此，我用個不是很好的比喻來解釋這件事情，各位都知道外國人學中文吧？外國人學中文之時，只要先把正統中文給學好就好，至於從正統中文所衍伸出去的其他中文語系，例如說上海話、四川話以及廣東話等等，就是從正統中文所衍伸出去的，彼此之間大同小異。

因此，我們在本章對於程式語言的介紹，僅止於諸多程式語言的共通基本概念而已，內容不一定會對應到真實的程式語言，同時我們也不會去談什麼高深的程式設計，又或者是如藝術品般的漂亮作品，一切都先從簡單開始。

9-1 虛擬記憶體的簡單概念

在進入程式語言之前，讓我們先來回憶一下下圖：

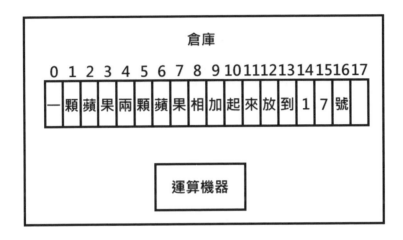

在上圖中，我們用繁體中文這種程式語言來寫了下面的程式：

一顆蘋果兩顆蘋果相加起來放到 17 號

並且把上面的程式（你也可以說是一句話）給放進倉庫（也就是記憶體）當中，接著讓運算機器（也就是 CPU）去執行放在倉庫內的程式，以上的情況，主要是出現在早期的計算機當中，但以現在的計算機來說，原則上已經不會再使用這種方式來執行程式，而是會把程式給先寫進草稿裡，接著把草稿裡頭的程式給放進倉庫之內，最後讓運算機器去執行，圖示如下所示：

然後，把草稿內的程式給放進（載入）倉庫裡頭去：

最後運算機器會從倉庫內來取出程式，而後面的事情大家就都知道了。

在上面的例子當中：

故事名詞	專有名詞
草稿	虛擬記憶體
倉庫	（實體）記憶體
運算機器	CPU

有了上面的概念之後，各位就可以繼續往下閱讀。

9-2　小端序與變數的基本概念

在講解本節的概念之前，讓我們先來想一個例子，各位都有用過鈔票，那你
知道怎麼看鈔票上面的金額嗎？例如像下面的這四張鈔票：

在上圖中，鈔票的面額由上到下分別是：

1. 1000 日幣
2. 2000 日幣
3. 5000 日幣
4. 10000 日幣

讓我現在問你，你是怎麼讀鈔票上的數字？

你一定會說，這還不簡單，先從右邊最低位的地方，以個拾百千萬等順序往左來讀起，有了這個基本概念之後，現在就讓我們回到計算機。

在計算機裡頭，對於數字的放置也是很有講究的，以我們上面的那四張鈔票為例，你想想，那四張鈔票上的數字要如何地放進我們的倉庫內？

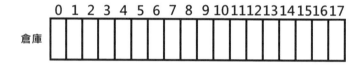

既然鈔票上的數字是從右邊開始依序往左來讀起，且鈔票上右邊的位數是小位，而左邊的位數是大位，以此來對照我們的倉庫，倉庫的編號右邊是大位，左邊是小位，所以如果要把鈔票上的數字給放進倉庫裡頭去的話，以1000 日幣為例，應該就是這樣：

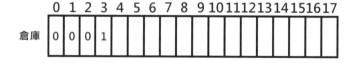

如果是 5000 日幣的話,那就是這樣:

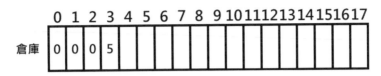

對 1000 與 5000 日幣來說,鈔票上的高位 1 和 5 就要放在倉庫內的高位也就是編號 3 號的地方,其餘的部分則是放 0,像這種對數字的放置方式,我們就稱為小端序。

最後,講編號這種事情實在是太累人了,如果能夠給編號個名字,例如說「銀行戶頭餘額」這六個大字的話,相信大家就應該會比較好理解,例如像這樣:

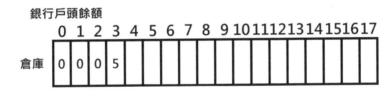

在上圖中,編號 0 號的地方就等於「銀行戶頭餘額」,所以當我問你,你「銀行戶頭餘額」還有多少錢之時,你有兩種查詢方式:

1. 找編號 0 號的地方
2. 找名稱「銀行戶頭餘額」

但不管你找的是哪一種,最後運算機器所讀出來的數字一定是 5000。

在上面的例子中：

故事名詞	專有名詞
編號	記憶體位址
銀行戶頭餘額	變數

最後要跟各位說明的是，用「銀行戶頭餘額」這種名詞來代替「編號」或者說是用「變數」來代替「記憶體位址」會方便得多，你想想看，如果像「銀行戶頭餘額」這種名詞一多，請問你記編號方便，還是記「銀行戶頭餘額」這種名詞方便？當然是後者，例如說「今天來銀行的客人數量」放在編號 4 號的地方、「申請貸款的案件數量」放在編號 8 號的地方，而「甲客戶的貸款金額」則是放在編號 14 號的地方，請問你是要記住編號 4、8 或 14 還是要記住「今天來銀行的客人數量」、「申請貸款的案件數量」以及「甲客戶的貸款金額」等名詞？當然是後者。

所以在程式設計上，程式設計師都會使用變數來表示記憶體位址。

本文參考與圖片引用出處

https://zh.wikipedia.org/zh-tw/%E6%97%A5%E5%9C%93

9-3 條件判斷概說

在講解條件判斷的概念之前，先讓我們來看一段 A 描述：

又到了放假的星期六，現在的我正躺在床上不知道時間，於是我心裡頭正在想，如果現在時間是早上 7 點鐘的話，那我就繼續睡下去，但如果現在時間是早上 10 點鐘的話，那我就賴床滑手機，但如果現在時間是下午 1 點鐘的話，那我就準備起床吃早午餐囉！

針對上面的 A 描述來説，我們可以把 A 描述給簡化成這樣：

行號	描述
1	日期是星期六
2	狀態為躺在床上
3	如果現在時間是早上 7 點鐘的話，那我就繼續睡下去
4	但如果現在時間是早上 10 點鐘的話，那我就賴床滑手機
5	但如果現在時間是下午 1 點鐘的話，那我就準備起床吃早午餐囉！

不過上面的內容還是有很多的中文字，在此，讓我們用些符號來替代某些中文字，並且再度地簡化表格當中的描述，目的是讓表格中的內容看起來更簡潔卻又不失原意：

行號	描述
1	日期 = 星期六
2	狀態 = 躺在床上
3	如果時間 = 7 點，睡下去
4	如果時間 = 10 點，滑手機
5	如果時間 = 13 點，準備起床吃早午餐

在上面的符號當中，「=」的意思就是指等於。

各位可以看看，簡化後的表格不但簡潔易懂，而且內容又更精確，但話雖如此，上表當中的內容仍然有些問題，你想想，在上面的表格當中，時間都是要相當地精確，例如説以第 3 行的：

如果時間 = 7 點

來説的話，那時間要剛剛好等於 7 點整之時你才能夠下判斷，多一分或少一秒都不行，因此，我們可以把上面的表格給稍微地修改一下：

行號	描述
1	日期 = 星期六
2	狀態 = 躺在床上

行號	描述
3	如果時間 <= 7 點，睡下去
4	如果時間 >7 點 並且 <= 10 點，滑手機
5	如果時間 >10 點 並且 <= 13 點，準備起床吃早午餐

在上面的符號當中，「<」的意思代表小於，而「>」的意思代表大於，所以上表的意思就是：

行號	描述
1	日期是星期六
2	狀態為躺在床上
3	如果現在時間小於等於早上 7 點鐘的話，那我就繼續睡下去
4	但如果現在時間大於 7 點並且小於等於早上 10 點鐘的話，那我就賴床滑手機
5	但如果現在時間大於 10 點並且小於等於下午 1 點鐘的話，那我就準備起床吃早午餐囉！

看看上表中的內容，是不是又更加清楚且又嚴謹？而且也不會出現像 7 點 01 分之時要幹什麼事卻不知道的情況。

講完了上面的內容之後，現在讓我們來做個總整理，在上面的教學當中：

如果…那就…

在諸多程式語言當中都有這種語法，其實別説程式語言，就連我們日常生活當中在使用的中文、英文或日文等語言也都有類似：

如果…那就…

的語法，各位説對嗎？

沒錯，所以程式語言其實就是在對整件事情要如何做的一種指令或命令，例如説：

如果你吃飯不付錢，那我就找警察來喬事情

了解了這個原理之後，我們就可以繼續往下走。

9-4 迴圈概說

在講迴圈之前,先讓我們來看一段 B 描述:

阿國是剛入伍的菜鳥新兵,再加上天氣冷他懶懶不想動,於是阿國便跑到廁所裡頭去摸魚,結果好死不好,正在摸魚中的阿國剛好被連長給抓包,於是這時候連長便對阿國説:

阿國!你去給我跑操場 3 圈、做 20 個伏地挺身、拉 4 下單槓,最後給我蛙跳 10 次,而以上的事情,給我重複做 6 次,6 次完畢之後,回來跟我報告。

換句話説,這下阿國總共得:

跑操場 18 圈、做 120 個伏地挺身、拉 24 下單槓以及蛙跳 60 次

針對以上的內容,我們可以這樣想:

行號	描述
1	次數 = 6
2	跑操場 3 圈
3	做 20 個伏地挺身
4	拉 4 下單槓
5	蛙跳 10 次
6	次數 - 1
7	如果次數 = 0 那就結束,並到第 8 行跟連長回報,但如果次數 >0 則是回到第 2 行重複執行,直到次數 = 0 為止
8	跟連長回報已完畢

而針對上面的內容,我們就稱之為迴圈,迴圈的意思就是指針對某件事情不斷地重複執行,所以也有人把迴圈給稱為循環。

想要了解迴圈,就必須得對迴圈來真實地演練,所以現在就讓我們針對上表來對迴圈真實地演練一次。

第一次執行，此時次數 = 6：

行號	描述
1	次數 = 6
2	跑操場 3 圈
3	做 20 個伏地挺身
4	拉 4 下單槓
5	蛙跳 10 次
6	次數 - 1，**此時次數 - 1 = 6 – 1 = 5**
7	如果次數 = 0 那就結束，並到第 8 行跟連長回報，但如果次數 >0 則是回到第 2 行重複執行，直到次數 = 0 為止，但現在**次數 = 5，由於 5 >0，所以現在回到第 2 行**
8	跟連長回報已完畢

第二次執行，此時次數 = 5：

行號	描述
1	次數 = 5
2	跑操場 3 圈
3	做 20 個伏地挺身
4	拉 4 下單槓
5	蛙跳 10 次
6	次數 - 1，**此時次數 - 1 = 5 – 1 = 4**
7	如果次數 = 0 那就結束，並到第 8 行跟連長回報，但如果次數 >0 則是回到第 2 行重複執行，直到次數 = 0 為止，但現在**次數 = 4，由於 4 >0，所以現在回到第 2 行**
8	跟連長回報已完畢

第三次執行，此時次數 = 4：

行號	描述
1	次數 = 4
2	跑操場 3 圈

行號	描述
3	做 20 個伏地挺身
4	拉 4 下單槓
5	蛙跳 10 次
6	次數 - 1，此時次數 - 1 = 4 - 1 = 3
7	如果次數 = 0 那就結束，並到第 8 行跟連長回報，但如果次數 >0 則是回到第 2 行重複執行，直到次數 = 0 為止，但現在次數 = 3，由於 3 >0，所以現在回到第 2 行
8	跟連長回報已完畢

第四次執行，此時次數 = 3：

行號	描述
1	次數 = 3
2	跑操場 3 圈
3	做 20 個伏地挺身
4	拉 4 下單槓
5	蛙跳 10 次
6	次數 - 1，此時次數 - 1 = 3 - 1 = 2
7	如果次數 = 0 那就結束，並到第 8 行跟連長回報，但如果次數 >0 則是回到第 2 行重複執行，直到次數 = 0 為止，但現在次數 = 2，由於 2 >0，所以現在回到第 2 行
8	跟連長回報已完畢

第五次執行，此時次數 = 2：

行號	描述
1	次數 = 2
2	跑操場 3 圈
3	做 20 個伏地挺身
4	拉 4 下單槓
5	蛙跳 10 次
6	次數 - 1，此時次數 - 1 = 2 - 1 = 1

行號	描述
7	如果次數 = 0 那就結束，並到第 8 行跟連長回報，但如果次數 >0 則是回到第 2 行重複執行，直到次數 =0 為止，但現在**次數 = 1**，由於 1 >0，所以現在回到第 2 行
8	跟連長回報已完畢

第六次執行，此時次數 = 1：

行號	描述
1	次數 = 1
2	跑操場 3 圈
3	做 20 個伏地挺身
4	拉 4 下單槓
5	蛙跳 10 次
6	次數 - 1，**此時次數 - 1 = 1 – 1 = 0**
7	如果次數 = 0 那就結束，並到第 8 行跟連長回報，但如果次數 >0 則是回到第 2 行重複執行，直到次數 = 0 為止，但現在**次數 = 0**，所以結束，現在前進到第 8 行
8	跟連長回報已完畢

在上面的過程中，我們一開始是把次數給設定為 6，然後每執行完一次之後就減少一次，直到減到 0 為止結束，當然你一開始也可以把次數給設定為 0，然後每執行完一次之後就增加一次，直到加到 6 為止結束，讓我們來看看下表：

行號	描述
1	次數 = 0
2	跑操場 3 圈
3	做 20 個伏地挺身
4	拉 4 下單槓
5	蛙跳 10 次
6	次數 + 1

行號	描述
7	如果次數 = 6 那就結束，並到第 8 行跟連長回報，但如果次數 < 6 則是回到第 2 行重複執行，直到次數 = 6 為止
8	跟連長回報已完畢

流程如下所示：

第一次執行，此時次數 = 0：

行號	描述
1	次數 = 0
2	跑操場 3 圈
3	做 20 個伏地挺身
4	拉 4 下單槓
5	蛙跳 10 次
6	次數 + 1，**此時次數 + 1 = 0 + 1 = 1**
7	如果次數 = 6 那就結束，並到第 8 行跟連長回報，但如果次數 < 6 則是回到第 2 行重複執行，直到次數 = 6 為止，但現在**次數 = 1**，由於 1 < 6，所以現在回到第 2 行
8	跟連長回報已完畢

第二次執行，此時次數 = 1：

行號	描述
1	次數 = 1
2	跑操場 3 圈
3	做 20 個伏地挺身
4	拉 4 下單槓
5	蛙跳 10 次
6	次數 + 1，**此時次數 + 1 = 1 + 1 = 2**
7	如果次數 = 6 那就結束，並到第 8 行跟連長回報，但如果次數 < 6 則是回到第 2 行重複執行，直到次數 = 6 為止，但現在**次數 = 2**，由於 2 < 6，所以現在回到第 2 行
8	跟連長回報已完畢

第三次執行，此時次數 = 2：

行號	描述
1	次數 = 2
2	跑操場 3 圈
3	做 20 個伏地挺身
4	拉 4 下單槓
5	蛙跳 10 次
6	次數 + 1，此時次數 + 1 = 2 + 1 = 3
7	如果次數 = 6 那就結束，並到第 8 行跟連長回報，但如果次數 < 6 則是回到第 2 行重複執行，直到次數 = 6 為止，但現在次數 = 3，由於 3 < 6，所以現在回到第 2 行
8	跟連長回報已完畢

第四次執行，此時次數 = 3：

行號	描述
1	次數 = 3
2	跑操場 3 圈
3	做 20 個伏地挺身
4	拉 4 下單槓
5	蛙跳 10 次
6	次數 + 1，此時次數 + 1 = 3 + 1 = 4
7	如果次數 = 6 那就結束，並到第 8 行跟連長回報，但如果次數 < 6 則是回到第 2 行重複執行，直到次數 = 6 為止，但現在次數 = 4，由於 4 < 6，所以現在回到第 2 行
8	跟連長回報已完畢

第五次執行，此時次數 = 4：

行號	描述
1	次數 = 4
2	跑操場 3 圈

行號	描述
3	做 20 個伏地挺身
4	拉 4 下單槓
5	蛙跳 10 次
6	次數 + 1，**此時次數 + 1 = 4 + 1 = 5**
7	如果次數 = 6 那就結束，並到第 8 行跟連長回報，但如果次數 < 6 則是回到第 2 行重複執行，直到次數 = 6 為止，但現在**次數 = 5，由於 5 < 6，所以現在回到第 2 行**
8	跟連長回報已完畢

第六次執行，此時次數 = 5：

行號	描述
1	次數 = 5
2	跑操場 3 圈
3	做 20 個伏地挺身
4	拉 4 下單槓
5	蛙跳 10 次
6	次數 + 1，**此時次數 + 1 = 5 + 1 = 6**
7	如果次數 = 6 那就結束，並到第 8 行跟連長回報，但如果次數 < 6 則是回到第 2 行重複執行，直到次數 = 6 為止，但現在**次數 = 6，由於次數 = 6 那就結束，所以現在回到第 8 行**
8	跟連長回報已完畢

以上，就是迴圈的基本概念。

9-5 函數概說

在講函數這個例子之前，讓我們先來看一段小故事。

阿華是某工程學院的學生，有一天，他突然間心血來潮，想要自己發明一台只要輸入兩個數字之後，便可以把這兩個數字給相加起來的計算機，於是乎他花了九牛二虎之力，終於把這台計算機給做了出來，情況如下所示：

```
計算機（數字1，數字2）{
    數字3 = 數字1+數字2
    在電腦螢幕上顯示（數字3）
}
```

看完了上面的內容之後，讓我們實際地來演算一次。

假如現在數字 1 = 4，數字 2 = 3，那我們要把數字 1 和數字 2 給帶入由阿華所設計的計算機當中，並讓計算機來幫阿華執行運算，過程如下所示：

Step 1 把數字 1 = 4，數字 2 = 3 給帶入計算機裡頭去：

```
計算機（4，3）{
    數字3 = 數字1+數字2
    在電腦螢幕上顯示（數字3）
}
```

Step 2 把數字 1 = 4，數字 2 = 3 給帶入計算機當中的算式裡頭去：

```
計算機（4，3）{
    數字3 = 4+3
    在電腦螢幕上顯示（數字3）
}
```

Step 3 執行算式也就是執行加法運算，並把數字 3 給求出來：

```
計算機（4，3）{
```

```
    7 = 4+3
    在電腦螢幕上顯示（數字3）
}
```

Step 4 把數字 3 = 7 給丟進工具「在電腦螢幕上顯示」之內：

```
計算機（4，3）{
    7 = 4+3
    在電腦螢幕上顯示（7）
}
```

Step 5 最後，電腦螢幕上便會顯示出數字 7

所以阿華以後如果想要做做加法運算的話，他只要對計算機隨便輸入兩個數字之後，計算機就會幫阿華把數字給相加起來，完畢之後還會把數字給顯示在電腦螢幕上，而像阿華所發明的計算機，我們就稱為函數。

不過我覺得「函數」二字可能太過於抽象了，在此，各位先把「函數」二字給想像成在你日常生活當中，類似於鐵鎚那樣的工具，用工具來比喻函數，可能會比較好想像一點。

在上面的例子當中，阿華自己發明了計算機，但是呢！阿華在最後其實也用了別的工具來幫阿華把計算機給設計出來，而這個工具就是「在電腦螢幕上顯示」，兩個工具之間的差別就在於，「計算機」是由阿華自己所發明出來的工具，而「在電腦螢幕上顯示」則是由別人所發明出來的工具。

換句話說，阿華是調用別人已經發明好的工具來完成自己的工具，這樣一來，阿華可以在工具設計上更省力，也就是說，阿華只要專心設計好計算機當中的數學算式即可，至於數學算式的運算結果，就由別的工具來實現就好，這部分阿華完全不用擔心。

最後，親愛的讀者們你會問，自己設計工具好像是一件很好玩的事情，但別忘了，像計算機那樣的工具其實都已經有現成的在，如果你要自己再花時間與精力再去發明計算機的話那也是可以，只是說會很累，不如就直接調用別

人已經發明好的計算機來使用即可，以免落入了重複製造計算機的無限輪迴，反正誰發明的計算機那結果都一樣，除非你想要發明的計算機有不同的設計，那事情就例外。

9-6 陣列概說

在講解陣列這個概念之前，讓我們先回到下圖：

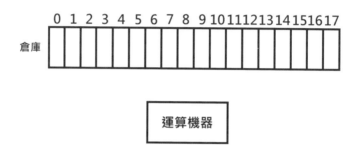

陣列這個概念的意思是，把佔用相同格子的資料給連續地放在一起，例如把四個數字 1、3、2 與 4 等給放進倉庫裡頭去，而根據每個數字所佔用的格子數不同，可以有不同的分配結果，情況如下所示：

情況 1. 佔用一個格子：

情況 2. 佔用兩個格子：

情況 3. 佔用四個格子：

總之，陣列的精神就是把型態相同的資料給連續地放在一起。

9-7 指標概說（選讀）

在講指標這個概念之前，讓我們先回到下圖：

假設在倉庫的 3 號地方，放置了倉庫的號碼編號 8：

此時，倉庫的 3 號地方，就會指向倉庫的號碼編號 8：

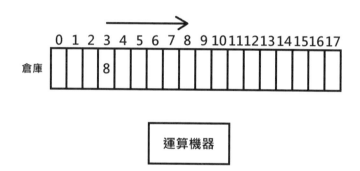

這時候我們稱：

故事名詞	專有名詞
倉庫的 3 號地方	指標

指標這個語法，並不是每個程式語言都有，像 Java 或 Python 等就沒有指標
這個語法。

9-8 結構概說

我們在講解陣列那一節的時候說過，陣列的精神就是把型態相同的資料給連續地放在一起，但如果是型態不同的資料呢？那這時候我們就可以使用結構來處理，例如把四個數字 1、3、2 與 4 等給放進倉庫裡頭去：

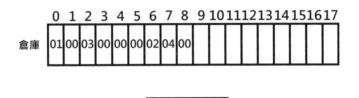

在上圖中：

數字	佔用格子數
1	2
3	4
2	1
4	2

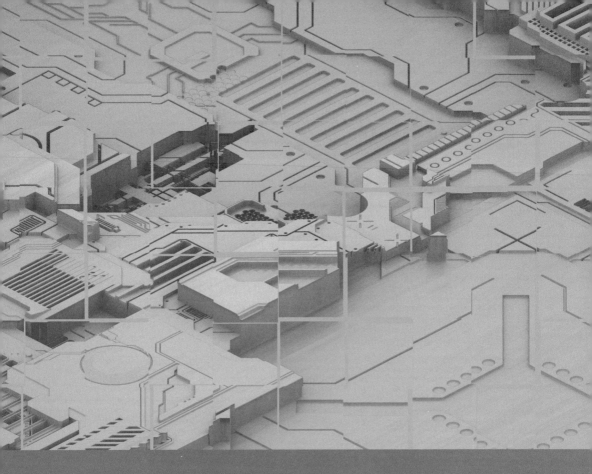

Appendix

A

編碼概說

A-1 編碼概說

在講編碼之前讓我們先來想一件事情，假如現在有一對情侶想寫信聊天，可是呢！這對情侶又怕信件被旁人拆開，進而讓戀情曝光，那這時候你該怎麼幫助這對情侶來解決這個惱人的問題？

我想可以這樣做，例如說做個表，然後用一些簡單的代碼或表示方式來對應到某些文字，當其中一方想寫信給另一方的時候，只要使用代碼來寫，寫完後寄出，另一方在收到信件後在根據雙方事前所約定好的表來解碼即可，例如說：

代碼	文字
00	A
01	B
02	C
03	D
04	E
05	F
06	G
07	H
08	I
09	J
10	K
11	L
12	M
13	N
14	O
15	P
16	Q
17	R

代碼	文字
18	S
19	T
20	U
21	V
22	W
23	X
24	Y
25	Z
26	空格

要是女方這時候心血來潮，想要寫信給男方説「I LOVE YOU」的話，那她該怎麼做？答案很簡單，她只要在紙上寫下：

08261114210426241420

之後把紙裝進信封袋裡頭去，接著貼上郵票後拿到郵局去寄給男方，而男方收到後在根據雙方事先所約定好的表來解碼即可，像這樣：

代碼	文字
08	I
26	空格
11	L
14	O
21	V
04	E
26	空格
24	Y
14	O
20	U

這樣做，就解決了雙方通訊所面臨到的問題，而這個問題也啟發了我們更進一步的想法，那就是：

- 我們目前所使用的代碼只有兩位數而已，如果把小寫英文字、數字、標點符號甚至是中文等其他外國語言等也給編下去的話，那上面只有兩位數的代碼是絕對不夠用的。
- 根據第一點，我們是否可以把代碼的位數給增加，例如說從兩位給擴增成四位甚至五位、六位、七位、八位等，然後把小寫英文字、數字、標點符號甚至是中文等其他外國語言也給編下去？

答案是可以的，例如說擴增成四位的話就是這樣：

代碼	文字	代碼	文字
0000	A	0018	S
0001	B	0019	T
0002	C	0020	U
0003	D	0021	V
0004	E	0022	W
0005	F	0023	X
0006	G	0024	Y
0007	H	0025	Z
0008	I	0026	a
0009	J	0027	b
0010	K	0028	c
0011	L	0029	d
0012	M	0030	e
0013	N	0031	f
0014	O	0032	g
0015	P	0033	h
0016	Q	0034	i
0017	R	0035	j

代碼	文字		代碼	文字
0036	k		0051	z
0037	l		0052	.
0038	m		0053	空格
0039	n		0054	1
0040	o		0055	2
0041	p		0056	3
0042	q		0057	4
0043	r		0058	5
0044	s		0059	6
0045	t		0060	7
0046	u		0061	8
0047	v		0062	9
0048	w		0063	0
0049	x		0064	^
0050	y			

所以女方這時候的信件內文是這樣子的話：

0008005300370040004700300053002400400046005300640063 0064

而男方收到信件解碼後就是：

代碼	文字		代碼	文字
0008	I		0024	Y
0053	空格		0040	o
0037	l		0046	u
0040	o		0053	空格
0047	v		0064	^
0030	e		0063	0
0053	空格		0064	^

所以男生解碼出來後的結果就是：

I love You ^0^

像上面的內容，就是編碼與解碼，而這種編碼與解碼的內容是我自己定義出來，並且跟他人約定好的一種設計方式，當然，你自己也可以根據你自己的想法來設計這種編碼與解碼，至於怎麼設計，就留給你當作業自己玩囉！

而接下來的課程，我們就要回到電腦，並且來看看電腦的編碼方式 ASCII 以及 UNICODE，如果你懂上面的編碼與解碼，那 ASCII 與 UNICODE 你也懂了。

A-2　電腦編碼概說

前一節我已經講了有關於我們編碼與解碼的遊戲，而那款遊戲是由我自己為了方便向大家來說明編碼與解碼的概念所發明出來的，而文中的最後我也請各位自己發明出一套完全屬於自己的編碼與解碼。

OK，不管如何，編碼與解碼的意義相信各位都已經了解，但是呢！前面所講的編碼與解碼終究只是我一個人自己在玩的規定而已，而這種規定，可不是人人都承認的，再加上這款遊戲只適用於人與人之間的溝通方式，而不是電腦與電腦之間的溝通方式，於是就有了國際通用的編碼，而這些國際通用的編碼方式，其實也跟我們在前一節所玩的編碼與解碼的方式就原理上來說可是完全一樣，如果你會了我們前一節所教過的知識，那這一節的電腦編碼其實你也已經懂了，好了，現在就讓我們一起來看看電腦的編碼方式吧！

ASCII

ASCII 的發音是「æski」，全文名稱是 American Standard Code for Information Interchange，又稱為美國資訊交換標準代碼，好長的定義，看了就令人頭痛對嗎？沒錯，所以講到這，我們乾脆直接進入 ASCII 的主題。

前一節，我曾經編過英文字母大寫 A 的代碼是 00，情況如下表所示：

代碼	文字
00	A

而在 ASCII 裡頭，大寫字母與代碼之間的對應關係則是：

代碼（十進位）	文字
65	A

不過由於在電腦裡頭，代碼（其實應該説是數字）有二進位、十進位以及十六進位等的分別，所以如果是十六進位的話，那情況就會是：

代碼（十六進位）	文字
41	A

所以這時候可以歸納如下：

二進位	十進位	十六進位	圖形
0100 0001	65	41	A

所以説，在 ASCII 的編碼系統裡，二進位數字 0100 0001 = 十進位數字 65 = 十六進位數字 41 = 圖形（或者是字母）A。

有沒有覺得很簡單呢？簡單是簡單，但 ASCII 在使用上只適用於英語系國家，如果要是把亞洲語系也給編入 ASCII 的話，那上面的位數肯定是不夠用，所以這時候就出現了我們下面所要説的 UNICODE 編碼。

UNICODE

在上一節當中，我把大寫字母 A 給編成：

代碼	文字
00	A

而那時候我又說，如果代碼的位數不夠用，這時候可以擴展位數，所以我把大寫字母 A 給擴展成：

代碼	文字
0000	A

同樣道理，剛剛說到，在 ACSII 裡頭，大寫字母 A 就等於十六進位數字 41，現在由於 ACSII 不夠用，所以就把十六進位數字 41 給擴展成 0041，也就是說：

ACSII 編碼：

代碼（十六進位）	文字
41	A

UNICODE 編碼：

代碼（十六進位）	文字
0041	A

好了，現在我們已經把 ACSII 編碼以及 UNICODE 編碼都給講完了，最後，如果各位想試試 ACSII 編碼的話，這邊有現成的網站可以讓各位來玩，例如在紅框內輸入大寫字母 A，接著就會在籃框內出現 ACSII 的編碼：

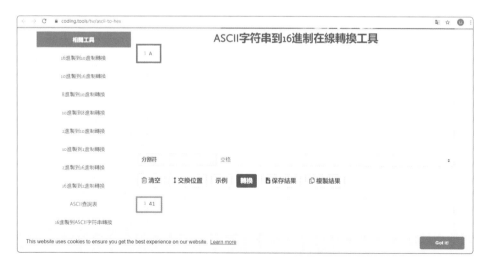

網址：https://coding.tools/tw/ascii-to-hex

如果各位想試試 UNICODE 編碼的話：

$\boxed{Step\ 1}$ 輸入字母 (1) 與選擇轉換方式 (2)：

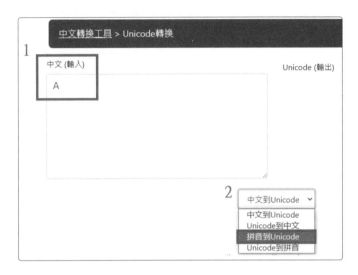

$\boxed{Step\ 2}$ 點選轉換：

Step 3 得出結果：

```
中文轉換工具 > Unicode轉換

拼音 (輸入)                          Unicode (輸出)

A                                  \u0041



                              拼音到Unicode  ▼

                                   轉換
```

由於本網站支援中文轉換，所以各位也可以輸入中文字來試試，例如：輸入繁體中文「葉」這個字，輸入完畢之後點選轉換方式（注意，是中文到 Unicode）：

```
中文轉換工具 > Unicode轉換

中文 (輸入)                          Unicode (輸出)

葉                                  \u8449



                              中文到Unicode  ▼

                                   轉換
```

各位可以看看這個結果，這個結果是不是跟維基百科上以 UNICODE 所舉的繁體字「葉」的結果一樣，都是 8449：

代碼	字元標準名稱（英語）	在瀏覽器上的顯示
&#x0041;	大寫拉丁字母「A」	A
&#x00DF;	小寫拉丁字母「Sharp S」	ß
&#x00FE;	小寫拉丁字母「Thorn」	þ
&#x0394;	大寫希臘字母「Delta」	Δ
&#x0419;	大寫斯拉夫字母「Short I」	Й
&#x05E7;	希伯來字母「Qof」	ק
&#x0645;	阿拉伯字母「Meem」	م
&#x0E57;	泰文數字 7	๗
&#x1250;	衣索比亞音節文字「Qha」	
&#x3042;	日語平假名「A」	あ
&#x30A2;	日語片假名「A」	ア
&#x53F6;	簡體漢字「叶」	叶
&#x8449;	正體漢字「葉」	葉
&#xC5FD;	韓國音節文字「Yeop」	엽

引用網址：https://www.chineseconverter.com/zh-tw/convert/unicode

本文參考與圖片引用出處

https://zh.wikipedia.org/zh-tw/ASCII

https://zh.wikipedia.org/zh-tw/Unicode

https://coding.tools/tw/ascii-to-hex

https://www.chineseconverter.com/zh-tw/convert/unicode

A-3 Windows 程式設計中的編碼

在前面，我們已經講過了電腦的編碼方式，現在，我們要來講講 Windows 程式設計時所用的編碼方式，在講這個主題之前，先讓我們來想一個問題。假設現在有兩台中間用鏈條鍊上的聯結車，以及兩塊地，地上面有一個管理室，管理室當中有一位管理員，情況如下所示：

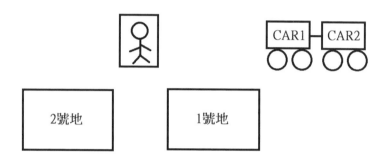

現在的情況是這樣，管理員會為這兩台聯結車來劃分出 1 號地以及 2 號地這兩塊地來給 CAR1 以及 CAR2 停放，但現在的情況是，由於 CAR1 和 CAR2 這兩台聯結車因為出任務的關係，所以每次回來停車場的時候可能只有一輛車，但也有可能是兩輛車，如果你是管理員，你要怎麼分配這兩塊地給這兩輛車來停放？

1. 不管回來的時候是幾輛車，一律劃分兩塊地給車去停。
2. 根據回來的車輛數量來做檢查，如果只有一台車那就分配一塊地，如果是兩台車那就分配兩塊地。

關於第一種分配法，優點是管理員可以省下時間以及精神，反正不管來的是幾輛，管理員只要畫分兩塊地出來就對了，但缺點是有可能會浪費土地的空間，至於第二種分配法，優點是可以節省土地的空間，但缺點是管理員得隨時檢查車輛的大小。

上面的觀念如果你可以了解，那接下來我們要來講的：

1. DBCS 編碼

2. UNICODE 編碼

你就全都懂了。

在前面，每個文字或符號都可以用數字來表示，例如說二進位、十進位以及十六進位等，例如說 A 好了，在 ASCII 裡頭為 41，在 UNICODE 當中則是 0041，但不管是 41 也好，0041 也罷，它們最後都得被放在記憶體當中來存放，在這種情況當中，文字 A 就好比聯結車，而記憶體就好比是上面的土地。

有了上面的觀念再加上前面的知識，我們知道一個英文字母如果以 ASCII 來編碼的話，那絕對是沒問題，但如果是像繁體中文的話，那 ASCII 是絕對不夠用的，所以這時候才出現了像 UNICODE 那樣子的編碼，而我們在設計程式時，有時候會用到英文，但有時候也會遇到像繁體中文這樣子的外文，這情況就變成了一開始的例子，有時候需要一塊土地來停放一輛車，但有時候卻得用到兩塊土地，情況如下所示：

1. 如果是 ASCII 的情況（41 也就是字母 A 佔用記憶體的一個位元組）：

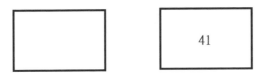

2. 如果是 UNICODE 的情況（0041 也就是字母 A 佔用記憶體的兩個位元組）：

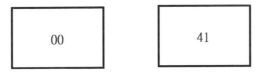

因此，在早期的程式設計裡便出現了一種稱為 DBCS（Double Byte Character Set，簡稱為 DBCS，中文名稱為雙位元組字元集）這樣子的編碼法，這種編碼法主要就是為了處理非英語以外的外語而生的編碼法，那怎麼處理呢？

由於一個文字有可能是一個位元組或者是兩個位元組，所以這時候就得用檢查的方式來檢查位元組的內容，進而判斷完整的文字到底是什麼，據說這種處理方式曾經搞死過一票人，所以 DBCS 已經很少使用，因此各位大概知道有 DBCS 這種編碼就好。

所以我們可以歸納出一個結果，那就是：

1. UNICODE 是 2 個 Bytes，也就是 16 位元
2. DBCS 視情況來檢查需要 1 個還是 2 個位元

但 UNICODE 也有衍伸出 32 位元，也就是 4 個 Bytes，所以我們對 UNICODE 的歸納如下：

1. UNICODE-16
2. UNICODE-32

在 UNICODE 表示法當中，最高位不需要設定旗標來調整需要的位元數，如果會用到最高位做為旗標來調整位元數的話，這時候的表示方式就是 UNICODE 的變體，也就是 UTF，而這之中最重要的就是 UTF-8 編碼。

UTF-8 編碼比較特別，如果有一些文字（或符號等）是一個位元組、兩個位元組、三個位元組甚至是四個位元組的話，屆時如果數字在某些範圍以下，則會被壓縮，讓我們來歸納如下：

數字範圍	UTF-8 二進制／十六進制	旗標	被壓縮 結果	適用地區 或範圍
000000 - 00007F	0zzzzzzz（00-7F）	0	1 個位元組	英語系 國家
000080 - 0007FF	110yyyyy（C0-DF） 10zzzzzz（80-BF）	旗標有 2 個： 1. 第 1 個 Byte 的 110 2. 第 2 個 Byte 的 10 說明：第 2 個 Byte 與其 說是旗標，它更重要的 功能是防止出現 0 字元	2 個位元組	歐洲與中 東地區等 國家

數字範圍	UTF-8 二進制／十六進制	旗標	被壓縮 結果	適用地區 或範圍
000800 - 00D7FF 00E000 - 00FFFF	1110xxxx（E0-EF） 10yyyyyy 10zzzzzz	旗標有 3 個： 1. 第 1 個 Byte 的 1110 2. 第 2 個 Byte 的 10 3. 第 3 個 Byte 的 10	3 個位元組	亞洲地區 國家
010000 - 10FFFF	11110www（F0-F7） 10xxxxxx 10yyyyyy 10zzzzzz	旗標有 4 個： 1. 第 1 個 Byte 的 11110 2. 第 2 個 Byte 的 10 3. 第 3 個 Byte 的 10 4. 第 4 個 Byte 的 10	4 個位元組	其餘語系

最後要跟各位說的是，在 Windows 程式設計裡，對於字符或字符串，你最好都設定成 UNICODE 比較好，至少你這樣做，才不會在處理字符或字符串上會把你給活活搞死，所幸的是，開發工具 Visual Studio 在專案一開始的設定上就已經幫各位在這方面全都設定為 UNICODE 了：

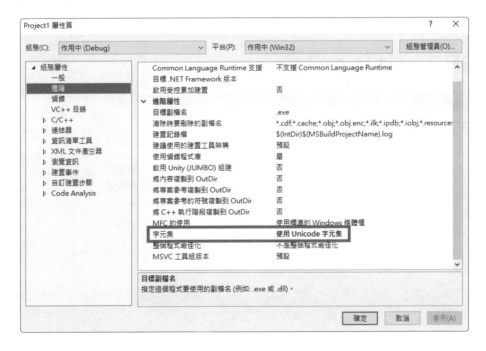

而網頁的部分各位可以看這裡：

```
</title><meta http-equiv=content-type content="text/html; charset=utf-8" <meta
```

可以看到網頁的文字設定是 UTF-8。

網址引用自

view-source:https://tw.news.yahoo.com/%E7%A0%B8%E9%A0%AD%E6%9C
%9F%E6%AC%BE%E8%B2%B7%E8%82%A1-%E4%BB%965%E6%AA%94
%E6%85%98%E8%B3%A030-%E5%B4%A9%E6%BD%B0%E5%8B%B8%E4
%B8%96-%E4%BA%BA%E5%A4%9A%E5%9C%B0%E6%96%B9%E5%88%
A5%E5%8E%BB-020000867.html

▶ 以上直接複製貼上瀏覽器即可。

A-4　ANSI 編碼概論

ASCII 其實也是有擴展的編碼，而這種編碼就稱為 ANSI 編碼，每種語言的 ANSI 編碼名稱都不盡相同，在此只取以下幾個例子：

編碼名稱	對應文字
GB2312	簡體中文
BIG5	繁體中文
JIS	日文

編碼方法如下：

數值範圍	位元組數量	字符數量
0x00~0x7f	一個位元組	一個字符
0x80~0xFFFF	兩個位元組	一個字符

而使用 ANSI 來編碼時,英文只用一個位元組,其他語系則是使用兩個位元組到四個位元組左右,例如中文就是。從前面的表格上來看,繁體中文是 BIG5,而你用的繁體版的 Windows 作業系統,其所使用的編碼也就是 ANSI 編碼當中的 BIG5。

不同的 ANSI 編碼之間是無法溝通的,這情況就好像你講英文,而對方講日文的意思是一樣的,彼此之間不但無法溝通而且也無法兼容。

ANSI 雖然是根據語系的不同所自行定義出來的一種編碼方式,其流行程度不如 ASCII 以及 UNICODE,但在某些場合中我們還是可以看得到它的蹤影,關於這點,各位大概知道即可,現在我要來給各位介紹一個非常棒的網址,內容是介紹關於把 ASCII 給延伸為 ANSI 的表格,網址如下:

https://www.gaijin.at/en/infos/ascii-ansi-character-table#overview

各位可以看到網站內 Content 之下的標題:

編碼範圍	對應編碼
0-31 以及 127	ASCII
32-126	ASCII
128-159	ANSI
160-255	ANSI

接下來要繼續跟各位介紹一個也是很棒的表格,內容主要是把 ANSI 以及 UNICODE 之間的對應關係以表格的方式給呈現出來:

http://www.alanwood.net/demos/ansi.html

往下拉之後就可以看到 ANSI 以及 UNICODE 兩之間的對應關係。

最後我要介紹一款知名的編輯軟體 -Notepad++,Notepad++ 的下載網址如下所示:

https://notepad-plus-plus.org/downloads/

我的電腦是 64 位元，但由於 Notepad++ 好像沒有 64 位元，因此我安裝 32 位元的 x86 版本：

https://notepad-plus-plus.org/downloads/v7.8.8/

下載後安裝，開啟後可以看到畫面，並且隨便寫上文字，例如本節的教學內容：

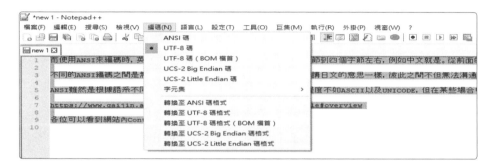

按下鍵盤上的「Ctrl+A」全選內容之後，點選上面選項當中的編碼，可以看到編碼有好幾種，就像是本節所說過的 ANSI 之外，還有就是 UTF-8，至於字元集的部分就是各國的 ANSI 編碼，以中文為例，會有兩種：

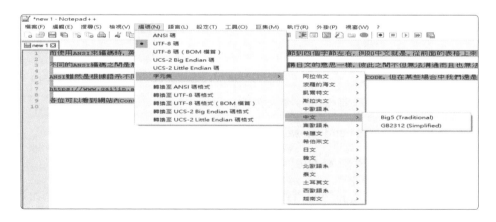

而圖中所顯示的 BIG5（Traditional）則是前面說過的繁體中文，至於 GB2312（Simplified）就是前面最開始所說過的簡體中文，其餘語系的編碼各位自己看看就可以了，我就不再多說。

不同種的編碼之間在轉換上可能會有問題，以上面為例，如果把文字給改成
ANSI 編碼的話，則事情會變成這樣：

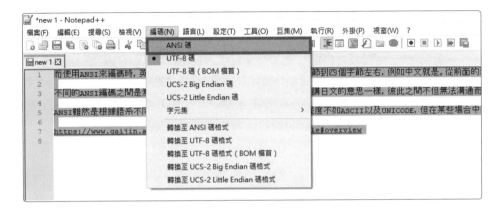

結果如下：

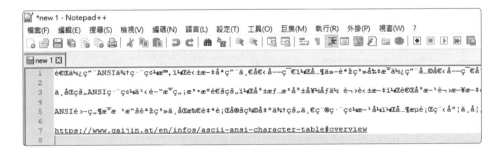

如果設定回 UTF-8 編碼的話，則又可以恢復成原來的文字：

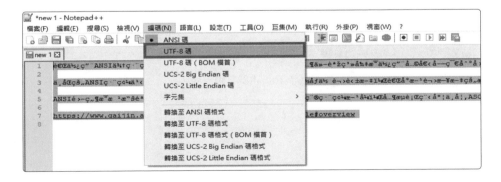

結果如下：

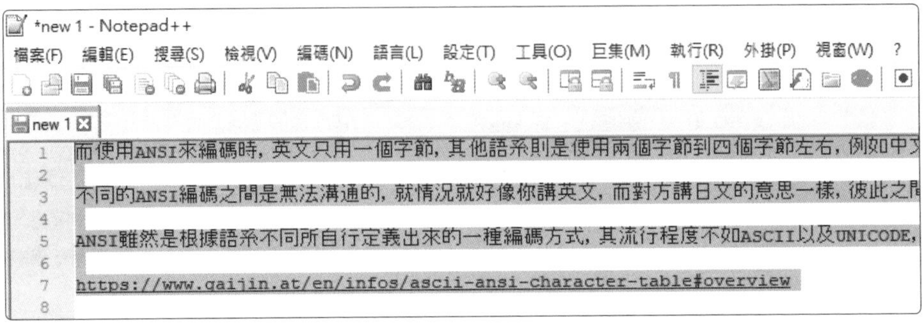

最後給各位一個綜合範例，以「船」這個字為範例，其輸入法與相關編碼如下所示：

倉頡輸入法：HYCR

四角號碼：2846_0

UNICODE 編碼：

十進制：33337

UTF-8：E8 88 B9

UTF-16：8239

UTF-32：00008239

Big 5：B2EE

CCCII：215446

CNS 11643-1986：1-5C73

CNS 11643-1992：1-5C73

EACC：215446

GB 2312-80：2012

GB 12345-90：2012

JIS X 0208-1990：3305

KPS 9566-97：E2C6

KS X 1001:1992：6447

中文電碼：

中國大陸：5307

台灣：5307

本文參考與圖片引用出處

https://zh.m.wiktionary.org/wiki/%E8%88%B9

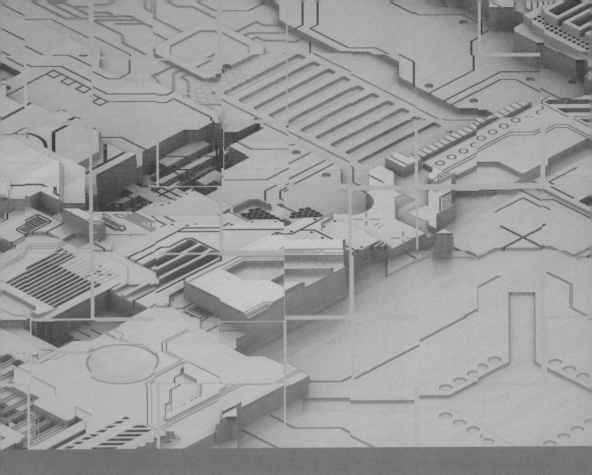

Appendix

B

綜合資訊

B-1 讀者問答 - 我想走資訊這條路，但我需要些什麼樣的預備知識

本團隊的第一本作品《職業駭客的告白：軟體反組譯、木馬病毒與入侵翻牆竊密》（以下簡稱為《告白》）於 2016 年 4 月 1 日當天正式開始上市，由於很多讀者沒看過木馬，也沒看過駭客技術，因此本書在上市之後，很多讀者們便想要來學習這本書當中的內容，所以陸陸續續就有很多人跑來問作者，我想要學習駭客技術，但我需要些什麼樣的預備知識？

由於《告白》是一本偏向於資訊安全的書籍，所以作者都回答讀者們得先學好組合語言和 C 語言，但現在想想，這樣子的回答縱使沒錯，但對很多人來說卻是噩夢一場的開始，因為組合語言和 C 語言可不是普通地難，而是非常地難。

其實我覺得，與其要問說「我想要學習駭客技術，但我需要些什麼樣的預備知識？」還不如先來問說「我想走資訊這條路，但我需要些什麼樣的預備知識」會比較好，因為很多讀者只是翻了《告白》這本書之後，就單刀直入地想直接往駭客這條路來衝，個人認為能有這股衝勁就已經很值得鼓勵，但各位知道嗎？要走到駭客這條路，就必須得先學習很多的預備知識，所以我們先不要來談駭客，我們先來談資訊科學就好。

一般來說，資訊科學有基礎學門與應用學門，而駭客技術則是屬於應用學門，而應用學門之所以被稱為應用，其理論就是來自於基礎學門，也就是說，如果你想要學習駭客技術的話，你必須得先把基礎給學好再說，如果你基礎學不好，那什麼駭客技術你就不用玩了，講白一點就是這樣。

在資訊科學領域裡頭，有三大基礎學門是各位必須得先學習，這三門分別是：

1. 作業系統
2. 計算機組織與結構
3. 網路通訊原理

只要你選了資訊，不管你未來想走什麼應用領域，例如遊戲設計、手機軟體設計、雲端、網路程式設計、資料庫又或者是資訊安全等等，你一定得先來學習這三門基礎科目，等你學習完這三門基礎科目之後，你未來想走什麼領域都會得心應手，因為，目前在市面上你所看到的資訊技術，一定都不超過這三門基礎領域的應用，所以把握這三者，就是各位初學者們所要下的基本功。

當然啦！上面那三門基礎知識對於初學者們來說還是很有障礙，因此，一開始各位可以先從更基本的計算機概論又或者是計算機科學概論來開始，然後一步一步地往前走，也就是說，學習順序至少是這樣：

名稱			學習順序
計算機概論或者是計算機科學概論			1
程式語言			2
作業系統	計算機組織與結構	網路通訊原理	3

當你學完了作業系統、計算機組織與結構以及網路通訊原理之後，可以再回過頭來看看程式語言，當兩者反覆學習並互相參照之後，屆時我相信各位一定會有一番心得與感想。

B-2　讀者問答 - 我想要學習駭客技術，但我需要些什麼樣的預備知識？

前面，我已經回答了各位「我想走資訊這條路，但我需要些什麼樣的預備知識」的問題，但拾起本書的各位好奇寶寶們，你們一定不會只滿足於對於基礎知識的學習，而是會想問「我想要學習駭客技術，但我需要些什麼樣的預備知識？」

還是一樣，我們先不要想太多，基本上，有兩門知識你一定要會，分別是：

- 組合語言
- C 語言

至於深入的部分呢？我覺得也一樣先不用想太多，讓我們來看看維基百科怎麼寫（以下引用自維基百科）

標題：如何成為駭客

需要精通的基礎

1. 英語，目前世界網際網路 70% 網站都是英文網站，非常多的資源都是由英語撰寫的，所以成為一名駭客，英語是必須精通的基礎之一。
2. 作業系統／網路，對作業系統熟悉且精通於網路，如 TCP/IP 以及網路原理等，才能更深入學習如何發現當中的漏洞以及入侵它們，並且隱匿行蹤和消除痕跡。
3. 程式語言，必須精通組合語言、C 等底層語言，以及 Python、Ruby 和資料庫。

各位看到了嗎？想要成為一位駭客或者是資安工程師的話，至少英語、作業系統／網路以及程式語言等各位一定要會，而在這三者當中，後面的兩者跟我前面所說過的內容其實一樣。

以上講的就是成為駭客所需要的基礎科目，接下來我要講的是駭客在實戰方面有哪些培訓科目，一樣，還是讓我們來看看維基百科（以下引用自維基百科）：

駭客培訓的科目

1. 入侵或攻擊的方法與手段：腳印拓取以及掃描和列舉、判斷目標作業系統並發現漏洞，需要學會的基本知識還有社會工程學以及在遠端作業系統的管理員權限（「提權」，Privilege Escalating）。如果需要攻擊，有弱口令攻擊、漏洞攻擊、緩衝區溢位攻擊、分散式阻斷服務攻擊、欺騙類攻擊等等。跳板攻擊和殭屍網路也是駭客主要大規模應用的技術。

2. 特殊網路環境的網路安全：善用資訊竊聽偵測以及連線劫持技術，掌握非 Windows 作業系統以及無線網路安全攻防技術，對密碼學以及密碼猜測和破解有了解，能夠熟練編寫木馬、後門、電腦病毒、蠕蟲病毒並掌握其攻防原理。

3. 針對電腦安全產品攻防：遠端堆疊緩衝區溢位是針對防毒軟體、防火牆以及入侵預防系統的一種技術，其技術是為了摧毀預定目標的電腦安全產品。除此之外還有對交換裝置的攻擊，駭客需要有一定的漏洞代碼缺陷發現能力。

各位可以仔細看看，這三門培訓科目是不是一直圍繞在前面所說過的作業系統、計算機組織與結構以及網路通訊原理之內？所以有句話說「萬變不離其宗」這句話講的就是這個道理。

> ### 本文參考與圖片引用出處
>
> https://zh.wikipedia.org/wiki/%E9%BB%91%E5%AE%A2

B-3　從事硬體工作的薪資有多少

讀完了本書之後，我們現在就要來看看，從事硬體相關產業的薪資有多少，由於這部分的訊息大多數公司都是以面議為主，也就是說沒有個明確的數字，所以我找了人力銀行網站上的統計資料來給各位做參考（以下取自 104 人力銀行）：

○ 薪資中位數　● 月薪範圍 P25～P75 ⑦

職稱	月薪範圍 P25～P75	月均薪	職缺
硬體工程研發主管	7.3萬 ～ 11萬	9.6萬	589
光電工程研發主管	7萬 ～ 11萬	9.4萬	145
通訊工程研發主管	7.7萬 ～ 11.2萬	9.9萬	116
其他工程研發主管	6.5萬 ～ 10萬	8.7萬	494
電機技師／工程師	4萬 ～ 5.6萬	4.9萬	3979
機械工程師	4萬 ～ 5.6萬	4.9萬	4932
機構工程師	4.5萬 ～ 6.7萬	5.7萬	4081
機電技師／工程師	3.8萬 ～ 5.5萬	4.8萬	3480
電子工程師	4.4萬 ～ 6.8萬	5.8萬	5017
零件工程師	4萬 ～ 6萬	5.3萬	364
硬體研發工程師	5萬 ～ 7.5萬	6.4萬	3207
PCB佈線工程師	4.2萬 ～ 6.6萬	5.6萬	406
電源工程師	5萬 ～ 7.5萬	6.4萬	950
類比IC設計工程師	7.8萬 ～ 12萬	10.4萬	913
數位IC設計工程師	7.4萬 ～ 12萬	9.9萬	1617
半導體工程師	5萬 ～ 7.8萬	6.8萬	2431
微機電工程師	6萬 ～ 8.4萬	7.3萬	122
光電工程師	4.8萬 ～ 6.7萬	5.8萬	885
光學工程師	4.5萬 ～ 6.7萬	5.8萬	541
電信／通訊系統工程師	4.1萬 ～ 7萬	6.1萬	1323
RF通訊工程師	4.8萬 ～ 7.4萬	6.3萬	863
IC佈局工程師	5萬 ～ 8.5萬	7萬	318
助理工程師	3.2萬 ～ 4萬	3.6萬	2982
工程助理	2.9萬 ～ 3.8萬	3.3萬	1126
其他特殊工程師	4.2萬 ～ 6.5萬	5.8萬	328
電子產品系統工程師	4.9萬 ～ 7.8萬	6.7萬	1108
熱傳工程師	4.9萬 ～ 7萬	6.1萬	383
聲學／噪音工程師	4.9萬 ～ 7.5萬	6.6萬	142

有效樣本：31310　資料更新：2022年05月23日 ⑦

各位可以看看上表，在表中，月均薪最高的是 10.4 萬的類比 IC 設計工程師，其次是 9.9 萬的數位 IC 設計工程師與通訊工程研發主管，而硬體工程研

發主管的月均薪也有 9.6 萬，所以跟其他行業相比起來，硬體設計在臺灣可以說是非常高，有興趣的讀者未來若是想挑戰高薪的話，可以朝硬體的方向去前進。

本文參考與圖片引用出處

https://guide.104.com.tw/salary/cat/2008001000?type=catjobs&salary=monthly

B-4　本書中常用的長度單位

本表引用自維基百科：

大小	描述
10^0	1 米 (單位) 或 公尺（m）
10^{-6}	1 微米（μm）
10^{-7}	100 nm
10^{-8}	10 nm (100 埃米)
10^{-9}	1 奈米（nm）

本文參考與圖片引用出處

https://zh.wikipedia.org/wiki/%E6%95%B0%E9%87%8F%E7%BA%A7_
(%E9%95%BF%E5%BA%A6)

讀者回函

感謝您購買本公司出版的書，您的意見對我們非常重要！由於您寶貴的建議，我們才得以不斷地推陳出新，繼續出版更實用、精緻的圖書。因此，請填妥下列資料(也可直接貼上名片)，寄回本公司(免貼郵票)，您將不定期收到最新的圖書資料！

購買書號： 　　　　　**書名：**

姓　　名：＿＿＿＿＿＿＿＿＿＿＿＿＿＿＿＿＿＿＿＿＿＿

職　　業：□上班族　　□教師　　　□學生　　□工程師　　□其它

學　　歷：□研究所　　□大學　　　□專科　　□高中職　　□其它

年　　齡：□10~20　　□20~30　　□30~40　　□40~50　　□50~

單　　位：＿＿＿＿＿＿＿＿＿＿＿＿　部門科系：＿＿＿＿＿＿＿＿

職　　稱：＿＿＿＿＿＿＿＿＿＿＿＿　聯絡電話：＿＿＿＿＿＿＿＿

電子郵件：＿＿＿＿＿＿＿＿＿＿＿＿＿＿＿＿＿＿＿＿＿＿＿＿

通訊住址：□□□＿＿＿＿＿＿＿＿＿＿＿＿＿＿＿＿＿＿＿＿＿

您從何處購買此書：

□書局 ＿＿＿＿＿＿　□電腦店 ＿＿＿＿＿＿　□展覽 ＿＿＿＿＿＿　□其他

您覺得本書的品質：

內容方面：	□很好	□好	□尚可	□差
排版方面：	□很好	□好	□尚可	□差
印刷方面：	□很好	□好	□尚可	□差
紙張方面：	□很好	□好	□尚可	□差

您最喜歡本書的地方：＿＿＿＿＿＿＿＿＿＿＿＿＿＿＿＿＿＿＿＿

您最不喜歡本書的地方：＿＿＿＿＿＿＿＿＿＿＿＿＿＿＿＿＿＿＿

假如請您對本書評分，您會給(0~100分)：＿＿＿＿＿＿ 分

您最希望我們出版那些電腦書籍：

請將您對本書的意見告訴我們：

您有寫作的點子嗎？□無　□有　專長領域：＿＿＿＿＿＿＿＿＿

GIVE US A PIECE OF YOUR MIND

Give Us a Piece Of Your Mind

歡迎您加入博碩文化的行列哦！

請沿虛線剪下寄回本公司

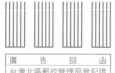

221

博碩文化股份有限公司 產品部

新北市汐止區新台五路一段112號10樓Ａ棟

如何購買博碩書籍

全省書局

請至全省各大書局、連鎖書店、電腦書專賣店直接選購。

（書店地圖可至博碩文化網站查詢，若遇書店架上缺書，可向書店申請代訂）

信用卡及劃撥訂單（優惠折扣85折，未滿1,000元請加運費80元）

請於劃撥單備註欄註明欲購之書名、數量、金額、運費，劃撥至

帳號：17484299 戶名：博碩文化股份有限公司，並將收據及

訂購人連絡方式傳真至(02)26962867。

線上訂購

請連線至「博碩文化網站 http://www.drmaster.com.tw」，於網站上查詢

優惠折扣訊息並訂購即可。